经典全阅读

教育部推荐读物 · 语文新课标必读书目

注音释义 名师点拨 精批详注

森林报

〔苏〕**比安基** 著

赵芳铭 译

团结出版社
AMITY PRESS

图书在版编目（CIP）数据

森林报／（苏）比安基著；赵芳铭译. — 北京：
团结出版社，2015.1（2020.5 重印）
ISBN 978 - 7 - 5126 - 3078 - 9

Ⅰ. ①森… Ⅱ. ①比… ②赵… Ⅲ. ①森林 – 青少年
读物 Ⅳ. ①S7 - 49

中国版本图书馆 CIP 数据核字（2014）第 201369 号

出　　版：团结出版社
　　　　　（北京市东城区东皇城根南街 84 号　邮编：100006）
电　　话：（010）65228880　65244790（出版社）
　　　　　（010）65238766　85113874　65133603（发行部）
　　　　　（010）65133603　　（邮购）
网　　址：http：//www.tjpress.com
E - mail：65244790@163.com（出版社）
　　　　　fx65133603@163.com（发行部邮购）
经　　销：全国新华书店
印　　刷：三河市燕春印务有限公司

开　　本：640 毫米 ×920 毫米　16 开
印　　张：12
印　　数：10000
字　　数：150 千
版　　次：2015 年 1 月第 1 版
印　　次：2020 年 5 月第 5 次印刷

书　　号：978 - 7 - 5126 - 3078 - 9
定　　价：32.00 元

林非

　　林非，著名学者、散文家，中国社会科学院研究生院教授、博士、研究生导师，历任中国散文学会会长、中国鲁迅研究会会长。

　　著有《鲁迅前期思想发展史略》《现代六十九家散文札记》《中国现代散文史稿》《文学研究入门》《鲁迅和中国文化》《离别》等；迄今共出版30余部著作；主编《中国散文大词典》《中国当代散文大系》等。

名师编写团队

郑晓龙	首都师大附中语文特级教师
蔡　可	北京大学文学博士，首都师范大学教育学院副教授
李春颖	首都师范大学语文教学教研室主任
徐　震	中央戏剧学院文学博士，首都师范大学文学院副教授
杨　霞	中国人民大学文学博士，首都师范大学新闻传播学系图书出版方向负责人
张四海	北京大学文学博士，首都师范大学文学院讲师
陈　虹	上海中学教学处主任，语文特级教师
张大文	复旦大学附中特级教师
李文铮	洛阳市第二外国语学校语文特级教师
赵景瑞	北京东城区教育研究中心副主任，特级教师

读到生命的最后一天（代序）

天下的书籍确实是谁也无法读完的，我准备充分利用自己的余生，再读一些能够启迪思想和陶冶情操的书。

这几年出版的书实在太多了，用迅速浏览的速度都看不过来，某些书籍受到了人们的冷落，某些书籍赢得了人们的喝彩，似乎都显得有些偶然。不过在这种偶然性的背后，最终都表现出了时代思潮的复杂趋向，而并不完全由这些书籍本身的质量和写作技巧所决定。

近几年来，我围绕启蒙主义和现代观念的问题写了一些论文，目的是想引起共鸣或争论，以后还愿意在思想和文化这方面继续做些研究，因此想围绕这样的研究和写作任务，读一些过去没有很好注意的书，以便增加新的知识，更好地开阔视野，从纵横这两个方面，认认真真地去思考一些问题。譬如像黄宗羲的《明夷待访录》，我曾读过多遍，向来都是惊讶和叹服于他的平等观念与民主思想。为什么 300 多年前的明清之际，在古老的专制王朝统治的躯壳中间，会萌生出如此符合于现代生活秩序的思想见解来呢？这是一个孤立和偶然的思想高峰，还是从当时资本主义萌芽和不断滋长的土壤中间，必然会产生出来的呢？

如果想一想徐渭、李贽、袁宏道、汤显祖和徐光启这些杰出的名字，又应该得到什么样的结论呢？而他们与莎士比亚、塞万提斯和伽利略，又几乎是在同一个时代出现的，这里究竟有多少属于历史与未来的必然性呢？我想再好好地研究一番，力图做出比较满意的回答来。

如果生活在今天的人们，都能够达到 300 多年前黄宗羲那样伟大思想家的境界，中国这一片辽阔的土地上，将会出现多少光辉灿烂的奇迹啊！可是为什么经过了 300 多年的漫长岁月，在今天生活里的绝大多数人，还远远没有达到他那样的思想境界呢？这难道不让人感到十分地丧气吗？

郁达夫说过："没有伟大的人物出现的民族，是世界上最可怜的生物之群；有了伟大的人物，而不知拥护、爱戴、崇仰的国家，是没有希望的奴隶之邦。"（《怀鲁迅》）这是说得很沉痛和感人的。

思考民族的前程、人类的未来，这很像听贝多芬的《第九交响曲》那样，常常会使自己激动不已，然而这就得广泛和深入地读书，否则是无法使自己的思考向前迈步，变得十分丰满和明朗起来的。我读了丘吉尔、戴高乐、阿登纳和赫鲁晓夫这些外国政治家写的回忆录，读了德热拉斯的《与斯大林的谈话》和《新阶级》，对于自己认识整个的当今世界，是起了很大作用的，我还想继续读一些这方面的书籍。

陶冶情操的音乐和美术论著，我已经读了不少，自然也得继续看下去。

我想读的书是无穷无尽的，只要还活着，我就会高高兴兴地读下去，自然在翻阅有些悲悼人类不幸命运的著作时，也会变得异常忧伤和痛苦，不过这是毫不可怕的，克服忧伤和痛苦的过程，不就是人生最大的欢乐吗？要想在社会中坚强地奋斗下去，就应该有这种心理上的充分准备。我会这样读下去的，读到生命的最后一天。

柯灵

2016 年 12 月 21 日

（有删节）

作品速览

　　《森林报》这本书是作者专门为孩子所写，按照春夏秋冬四季，以报纸的形式报道森林中的新闻，森林中愉快的节日和可悲的事件，森林中的英雄和强盗……有条理地报道了森林中的新闻和趣事，让那些奇妙美丽的动植物栩栩如生的跃然纸上。告诉孩子们应该如何观察大自然、思考和研究大自然，是孩子们认识自然的优秀读本。心怀童真的作者希望孩子们可以通过这本书，看到这个丰富的世界，看到大自然中蕴藏着奥秘。

认识作者

　　比安基（1894—1959），苏联著名儿童文学作家，有"发现森林第一人""森林哑语翻译者"的美誉。由于他的父亲是一位生物学家，比安基从小就热爱大自然，对大自然的奥秘产生了浓厚的兴趣。他后来就读于彼得堡大学自然专业，在科学考察、旅行、狩猎及与护林员、老猎人的交往中，他留心观察和研究自然界的各种生物,《森林报》就是他的代表作。这部书自1927年出版后,连续再版,深受少年朋友的喜爱。1959年,比安基因脑溢血逝世。

创作背景

比安基从小就热爱大自然,喜欢各种各样的动物,特别是在他父亲——俄国著名的自然科学家的熏陶下,早年投身到大自然的怀抱当中。在27岁的时候就写下了厚厚一本生物日记,记载了动物的生存习性,为以后的文学创作打下了坚实的基础,也使笔下的生灵栩栩如生,形象逼真动人。

1923年,比安基成为彼得堡学龄前教育师范学院儿童作家组成员,开始在杂志《麻雀》上发表作品,从此一发而不可收拾,仅仅是1924年,他就创作发表了《森林小屋》《谁的鼻子好》《在海洋大道上》《第一次狩猎》《这是谁的脚》《用什么歌唱》等多部作品集。

从1924年发表第一部儿童童话集,到1959年作家因脑溢血逝世的35年的创作生涯中,比安基一共发表300多部童话、中篇、短篇小说集,主要有《林中侦探》《山雀的日历》《木尔索克历险记》《雪地侦探》《少年哥伦布》《背后一枪》《蚂蚁的奇遇》《小窝》《雪地上的命令》以及动画片剧本《第一次狩猎》等。

1927年,《森林报》结集第一次问世出版,到1959年,已再版9次,每次都增加了一些新内容,使《森林报》的内容更为丰富。比如，一些没有翅膀的蚊子怎么从地下钻出来的？哪个季节的麻雀体温比较低，是冬季还是夏季？什么昆虫把耳朵生在腿上？青草何时会变成天蓝色？蝴蝶秋天都藏到哪里去了？虾在哪里过冬？森林中哪种飞禽的眼睛靠近后脑勺，为什么？癞蛤蟆冬天吃什么？什么鸟的叫声跟狗差不多？……这类妙趣横生的问题，都会在《森林报》中找到完整而令人信服的答案。

人物小站

兔宝宝

在兔子的家族中，兔宝宝相当于所有母兔的孩子，它们不分彼此地喂养着同一种族的后代。小兔子穿着皮毛外衣，不惧怕寒冷，但需要喝奶。而任何一只兔妈妈只要碰到了需要喂养的兔宝宝，无论是谁家的，都会把自己的奶水喂给它吃。出生八九天后，兔宝宝们就长出牙齿了，它们不再喝奶水，开始吃青草。

姬蜂

姬蜂看起来温柔、善良，但是，它们全部成员无一不是靠寄生在其他类昆虫体上生活的，是这些小动物的致命死敌。寄生本领十分高强，即使在厚厚的树皮底下躲藏的昆虫也难逃其手。所幸姬蜂中大多数种类是寄生于农、林害虫体上，可以消灭各种各样的害虫。不论哪一种姬蜂，它们在幼虫时期都要在其他类昆虫的幼虫或蜘蛛等体内生活，以吸取这些寄主体内的营养，满足自己生长发育的需要。

啄木鸟

森林里的伞兵，浑身发灰，尾巴不长，耳朵又小又圆，双眼外凸，以森林树木身上的虫子为食。

琴鸡

它们喜欢在秋天成群结队，雄琴鸡有坚硬的翅膀，雌琴鸡是浅棕色带斑点。它们喜欢翻草皮，啄碎石和细沙，并以此作为消化剂。它们害怕北极犬，性格暴躁。

CONTENTS

CONTENTS

春

—— 名师导读 ——

冰雪初融，暖风已经吹来了。水从山上流下来，鱼儿跃出了水面。春天融化了的雪悄悄地汇集成小溪，欢快的春水、温暖的小雨滋润了大地，地面穿上了绿色的连衣裙，上面还带着色彩斑斓的春花，俏生生的。森林这时候还赤裸裸地站在那里，等待着春天的降临。不过，树里的浆汁已经开始缓慢地流动，树芽也鼓了起来。地上和枝头，一朵朵鲜花已经绽放了。那么，小动物们是怎样度过春天的呢？让我们带着疑问，赶紧去文中寻找答案吧！

春季第一月　森林苏醒了

3月21日至4月20日

春天快乐！

3月，春风吹拂大地。

每年的这个时候，森林里都会庆典，迎接新一年的到来。

春风中，阳光肆意舒展着自己的翅膀，把森林从寒冬中解放出来。森林中的积雪率先向春天俯首称臣。冬天里厚实的积雪渐渐松软、变薄。积雪的表面开始出现零星不规则的小孔，颜色也变得灰暗，不再洁白，看起来似乎即将消失不见。山雀们欢快地尽情歌唱，清脆的歌声四处回响。

3月21日，一年中的春分。在这一天，一半时间是白天，一半时间是黑夜。它的到来意味着春天来了。依照俄罗斯古老的传统，每年的这一天，人们要用白面团制成小鸟的模样，加以烘烤，称之为春分吃烤"云雀"。

此外，人们还会在这一天打开鸟笼，放生小鸟。伴随着鸟儿们重回大自然，森林拉开了春天的序幕。

来自森林的电讯（第一封）

当积雪渐渐融化，显露出一块块深褐色的地表，三五成群的秃鼻乌鸦便会出现。它们是春天的使者，是第一批敲开春天大门的鸟类。

冬天即将来临的时候，秃鼻乌鸦们成群结队地飞到南方过冬。冬季快要结束时，它们又会往北飞。但是，恶劣的天气、长距离的飞行使得返乡的路途充满了艰辛，只有一部分乌鸦能安然返回。

森林中，已到处充满新的生机。新年的第一批宝宝们相继出世了；新的犄角从驼鹿和公鹿的头上长出；绿雀、小山雀和戴菊鸟四处嬉戏，歌声传遍了整个森林。云雀和椋鸟即将回归。

新生的兔宝宝

初春时节，天气还有些冷。

当田野中仍残留积雪的时候，兔妈妈把自己的小宝宝带到了这个世界。不过，兔宝宝们并不怕冷。因为，它们从出生就拥有一件御寒的皮毛外衣。

出生后不久，兔宝宝们便睁开眼睛感受这个新奇的世界了。很快，它们来到门外，蹦蹦跳跳地四处跑动。兔宝宝们寻找到了新乐园——草堆和灌木丛下面。兔妈妈外出寻食时，它们会乖乖地待在那里。

两三天过去了，兔宝宝始终没有等到妈妈回来。它们非常饿，又不能随便乱跑。一不小心，它们就有可能成为老鹰或是狐狸盘中的美餐。

终于，看到了从旁边路过的兔妈妈，兔宝宝们急忙跑了出来。咦，不是妈妈，是一位未见过的阿姨。兔宝宝们饿坏了，直接来到兔阿姨面前，请求：阿姨，我们饿了，喂一喂我们吧！兔阿姨很友善：好的，宝宝们，来吃吧。兔宝宝们吃饱了，重新回到草堆和灌木丛下面。兔阿姨没有再停留，直接离开了。

为什么会这样呢？原来，兔妈妈们早就达成了共识：兔宝宝是大家的孩子。无论在哪里，无论是不是自己的孩子，兔妈妈只要碰到了兔宝宝，都要把自己的奶水喂给它们吃。

没有兔妈妈的照顾，兔宝宝们能生活得好吗？别担心！它们穿着皮毛外衣，不惧怕寒冷。无论是兔妈妈还是兔阿姨，兔宝宝们总能吃到香浓的奶水。出生八九天后，兔宝宝们长出牙齿了，它们不用再喝奶水，可以直接吃青草了。

名师指津
运用朴实无华的辞藻，形象地描绘出春回大地时，积雪在形状颜色的变化。

名师指津
运用设问的句式，巧妙地解释了前面的疑惑，同时也告诉我们一个道理：相互帮助，共同发展。

雪 崩

森林里，一场恐怖的雪崩突然袭击了住在云杉树杈上的松鼠一家。当时，松鼠妈妈和刚出生不久的小宝宝们正在睡梦中。突然，从树梢上掉落下一大团雪，正巧落在她家的屋顶上。松鼠妈妈反应敏捷，及时从家中跳了出来，她的小宝宝们此时尚未睁开过眼睛，耳朵也暂时听不到东西，太过弱小，没能及时逃出来。

松鼠妈妈弄明白发生了什么事后，迅速扒开积雪。令她感到庆幸的是，雪团并没有破外她精心用苔藓铺就的房间。松鼠宝宝们仍在松软而温暖的床上睡得十分香甜呢！

通过这一动作描写，写出母爱的伟大和松鼠对宝宝们无微不至的关怀。

神秘的白色茸毛

随着积雪的融化，沼泽中草墩之间的间隙里满是雪水。在草墩下面有些形状看起来像小穗子的奇特小东西。它们随着绿色青草茎干，在风中摇曳，闪着银白色的光泽。

这些是什么东西呢？应该不是去年遗留下的种子。它们太干净、太新鲜了。摘下一株来，会发现它其实是一朵花！扒开丝状的白色茸毛，会发现下面中间部分是纤细的柱头和亮黄色的雄蕊。

那么，为什么会出现白色的茸毛呢？原来，此时的夜晚气温还很低，花朵需要茸毛帮助自己保温。在羊胡子草丛中，这种花很常见呢。

特约通讯员　尼·巴甫洛娃

来自森林的电讯（第二封）

椋鸟和云雀回来了。森林中再次响起了它们的歌声。

我们守在狗熊的洞口，焦急地等待着，但是始终没有动静。这让我们心生疑惑：它还好吗？不会是冻死了吧？

就在此时，洞口附近的雪突然动了。很显然，从里面出来的小家伙不是狗熊。它的个头太小了，只有小猪那么大。它浑身皮毛的颜色不太一样，脑袋是灰白色的，中间还有两条黑色的条纹，身上的皮毛则是黑色的。

哦，它是獾。原来，我们发现的这个洞穴是獾的家，不是狗熊的。现在，从冬眠中醒来的獾要开始恢复它的正常生活了。它会在夜晚出门，到森林中去进食。草根和纤细的树根，蜗牛、甲虫、各种幼虫以及田鼠都将是它找寻的目标。

我们开始重新寻找。哈，就在那里！这次我们找到的是狗熊的家。不过，狗熊还没醒来。

积雪在减少的同时不断出现塌陷。河面上的水越来越多，有些已经漫到冰面上来了。琴鸡即将进入孕育后代的时期，它们开始求偶。"咚咚咚"，啄木鸟开始了它的工作，用嘴在树上努力地敲着。哦，看水边那可爱的小鸟，是白鹡鸰——我们的刨冰高手也来了。道路因为积雪的融化而变得泥泞不堪。现在，出行的时候已经不能划雪橇了，只能改用马车。

名师释疑

獾（huān）：也叫狗獾、欧亚獾，是分布欧洲和亚洲大部分地区的一种哺乳动物，属于食肉目鼬科。

白鹡鸰：一种小型鹡鸰，属于鹡鸰科。喜滨水活动，多在河溪边、湖沼、水渠等处，在离水较近的耕地附近、草地、荒坡、路边等处也可见到。主要分布在欧亚大陆的大部分地区和非洲北部的阿拉伯地区。

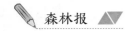

来自森林的电讯（第三封）

这几天，我们轮流守候在熊的洞口。

突然，什么东西把积雪拱起来了。紧接着，露出了一个又大又黑的脑袋。原来，是一只母熊从洞里钻了出来。紧随其后的，还有两只小熊。

母熊出洞以后，打了一个大哈欠，然后走向了森林深处。刚出洞时，它的身形看起来很瘦，但是不一会儿浑身就变得毛蓬蓬的。小熊欢快地在妈妈的身后跑着。母熊在森林里来回地寻找食物。睡了这么久，它饿得厉害。只要看到什么，它都没放过：细树根、枯草、果子，甚至连刚出生不久的小兔子都被它统统塞进了嘴里。

通过夸张的描写，表现出饥饿的程度，让读者有身临其境的感觉。

名师释疑

松鸡：走禽，共有12个亚种。体结实，喙短，呈圆锥形，适于啄食植物种子；翼短圆，不善飞；脚强健，具锐爪，善于行走和掘地寻食。早成鸟。栖息于落叶松、云杉、红松和冷杉的针叶林带。主要以植物性食物为食，食性较广。

狩　猎

在春天，被允许打猎的时间并不长。狩猎时间依据春天开始的日期而定：春天早到了，打猎日期就提早；反之，打猎日期只能推迟。

春天打猎的对象是树林里和水面上的飞禽。在打猎期间，不允许带猎狗，而且只允许打猎雄性飞禽，雌性飞禽的打猎行为是被禁止的。

猎捕求偶的松鸡

夜深了，猎人坐在森林的一棵树下吃东西。他从水瓶中倒出一些水喝。夜里有些冷，却不能生火，因为火光会惊动了猎物。再熬一阵子，天就要亮了。求偶的松鸡不等破晓就会出来相会。

突然，在静谧的黑夜里，传来几声猫头鹰的怪叫。

"该死的家伙！别把松鸡吓跑了！"猎人心中暗骂。

又过了一会儿，东方微微露出白色。听呀！"恰克——恰克！""喀——喀！"就在不远处，一只松鸡在唱起歌来，声音很低，只是勉强能被听到。猎人兴奋地起身仔细倾听。又一只松鸡叫了起来，离猎人大约只有150步。第三只也出现了…

猎人<u>按捺不住</u>欣喜和激动，端起猎枪一点点地向前挪动。前方不远处的云杉树丛看起来一片昏暗。猎人手指扣着扳机，目不转睛地盯着那片树丛。

正在这时，"恰克"声突然停止了，一只松鸡警惕地尖叫起来。

猎人纵身跳离了原来的地方，向前走了几步，然后站稳，屏住呼吸。

松鸡的叫声停止了，这机灵的家伙只要听到树枝微微一响，就会拍着翅膀逃得杳无踪迹。松鸡静静地听了一会儿，四下里一片寂静。它又开始"恰克——恰克"地叫起来了，声音很像两根木头在相互撞击。

猎人站稳没动，以防惊动了松鸡。

趁着婉转的鸣叫声再一次响起，猎人轻快地向前一跳。

发出的声音极其细微，可松鸡立即不出声了，它在警觉地听着。猎人还没停稳，只能单腿站立着，一动不敢动。

等了好一会儿，松鸡以为周围是安全的，叫声又开始了。这样反复几次，猎人一点点地接近了松鸡，可以断定它就在这几棵云杉树上，而且在离地面不高的树枝上。此时的松鸡

◆名师释疑◆

按捺不住：心里急燥，克制不住。按捺，压抑，忍耐。

名师指津

猎人与猎物之间，斗智斗勇，谁也不甘示弱。这是细节描写，使叙事真实可信。

叫得越来越起劲儿，热情高涨的它有些忘乎所以了。

猎人在四下观看着，它到底藏在哪里呢？针叶丛里一片昏暗，哪里看得清楚。

啊，原来在那儿！离猎人30步开外的地方，一只飞禽正站在一棵云杉树的枝杈上。长长的黑脖子，鸟头下边长着山羊胡子，展开着像大扇子一样的尾巴……没错，就是它！猎人端起了枪，瞄准了这只大鸟。

"砰！"枪声响过，只听见一个沉重的东西从树枝上摔下来，"嘭"的一声掉在雪地上。

雪地被压出一个坑，白雪上渗出一片鲜艳的红色。好大的一只雄松鸡呀！它浑身乌黑，眉毛通红通红的，起码有5公斤重！

东南西北——无线电通报

各方请注意！

这里是位于彼得格勒的《森林报》的编辑部。

今天是3月21号，一年中的春分。按照之前的约定，我们将会在今天进行一次全国性无线电广播通报。

现在，东、西、南、北，各方请注意！请大家报道各自当地的现状！

喂！喂！这里是北极

今天，对于我们这儿来说，是个大节日。因为经过一个漫长的冬天后，我们第一次看到了太阳。

第一天，太阳升起，从海洋边露出一点点。但是，几分钟过后，它就消失不见了。

两天以后，太阳露出的部分变多了，露出了半个脸。

又过了几天，太阳升得更高了。它的整个身体从海洋里露了出来。

现在，我们终于有了白日。虽然只有短短的一个小时，但是没有关系，因为白昼会越来越长。

水面和陆地上仍然覆盖着厚厚的冰雪。白熊还在它的洞里冬眠。周围除了严寒和风雪，没有绿色，也没有一只飞鸟。

这里是中亚细亚

这里的马铃薯已栽种完，棉花的种植正在进行。现在这里的阳光很好，街道的灰尘被晒得很干，随风乱飘。有些花已经开始谢了，如扁桃、干杏、白头翁和风信子。但是，有些花却正在开放，如桃树、梨树、苹果树。这里开始栽种防风林带。

乌鸦、秃鼻乌鸦和云雀在我们这里过完冬后，已经飞回北方。家燕、白肚皮的雨燕飞到了我们这里过夏天。在树洞和土洞里，有孵化出的红色小野鸭。它们已经长大，能够走出家门，独自在水里游泳。

这里是远东

这里的狗，经过一个冬天的睡眠后，已经醒过来了。对。我说的就是狗，既不是熊，也不是土拨鼠，更不是獾。

你肯定认为狗是不会冬眠的。但在我们这里是例外，这里的狗在整个冬天都会睡觉。我们这里还有一种野狗，它跟獾一样，都是钻进洞里去冬眠的。它的腿很短，毛是棕色的，而且又长又细，完全遮住了耳朵，个头比狐狸小一点儿。现

❧名师释疑❧

中亚细亚：即中亚地区。狭义讲只包括土库曼斯坦、乌兹别克斯坦、吉尔吉斯斯坦、塔吉克斯坦、哈萨克斯坦和阿富汗斯坦。

名师指津

以具体的事物为线索：植物、动物。写出春天来临生机蓬勃的景致。

极其相似：相似，指相类、相像的意思。《易·系辞上》："与天地相似，故不违。"

白鹳：大型涉禽。其羽毛以白色为主，翅膀具黑羽，成鸟具细长的红腿和细长的红喙。觅食地大部分为具低矮植被的浅水区。一夫一妻制，但非终生。分布于欧洲，非洲西北部，亚洲西南部和非洲南部。其为长途迁徙性鸟类，在撒哈拉以南至南非地区或印度次大陆等热带地区越冬。在欧洲，白鹳有"送子鸟"之称，被认为是吉祥鸟。

在，这种野狗已经醒了，开始了它的工作——捕捉老鼠和鱼。它是浣熊狗。之所以叫这个名字，是因为它跟美洲的浣熊长得<u>极其相似</u>。

现在，南方沿海已经开始捕捉比目鱼，这是一种身子很扁的鱼。乌苏里边区有一片原始森林。在那里，出生不久的小老虎们已经睁开了眼睛。每天，我们这里都会有一大批鱼到来。因为它们要在这里产卵。

这里是乌克兰西部

我们这里正在种植小麦。

从南非洲回来的<u>白鹳</u>住在了我们的房顶上。它们住在这里，我们很开心。为了让它们舒适地住下来，我们在房顶放上一些很重的车轮。这样方便它们做巢。

现在，车轮上堆满了白鹳衔来的粗细不一的树枝。它们开始了做巢的准备工作。

金黄色的蜂虎飞来了，这让养蜂家们很着急。因为它们虽然有着美丽的羽毛，而且长得很文雅，却是蜜蜂的天敌。

这里是诺沃西比尔斯克原始森林

我们这里也是原始林带，有的是针叶林，有的是混成林。情况和彼得格勒差不多。我国的国土大部分都被这种原始森林所覆盖。

秃鼻乌鸦是在我们的夏天才来的。因为冬天寒鸦不在这里，而每年春天，它们都是第一批飞来我们这儿的，所以我们将寒鸦飞来的那天当作春天的开始。

春天来了，天气变暖了。但是，春天极短，转瞬即逝。

这里是外贝加尔草原

我们这儿的粗脖子羚羊开始了它们的蒙古之行。

对于羚羊来说，融雪天是极其可怕的。因为白天的雪融成水后，会在夜里结成冰。宽阔的草原会瞬间变成一个溜冰场。

羚羊站在上面，就像站在镜子上。只要脚底一滑，四只光滑的蹄子马上跑向四个方向。

要知道，这四条可以快速奔跑的腿是羚羊在草原上逃过猛兽追捕的有利武器。

可是，现在，在这个春寒时节，会有多少羚羊命丧猛兽之口呀！

这里是高加索山区

在高加索山区，春天是由下而上、由低到高，慢慢到来的。

雪下在山顶，雨落在山脚。雪水、雨水都汇集到了小溪里，出现了今年第一次春水泛滥。河水涨到了河岸。湍急而浑浊的河水，卷带着沿途的东西，直奔大海。

山脚下，花开了，树绿了。在阳光的照射下，青翠的绿色慢慢地爬向坡顶。

鸟儿、啮齿类动物和吃草野兽都跟随着绿色的脚步慢慢向山顶移动。狼、狐狸、森林野猫，甚至是雪豹，也都紧随着牡鹿、牝鹿、兔子、野绵羊、野山羊，跑到了山上。

冬天从山脚向山顶逐渐退去，春天紧随其后。所有的生物也都紧跟着春天的步伐，来到了山顶。

喂！喂！这里是海洋，这里是北冰洋

洋面上，形状不规则的冰块，甚至是巨大的冰原正向我

◥名师释疑◤

羚羊：一类偶蹄目牛科动物的统称。羚羊类的动物总共有86种，分属于11个族、32个属。特征是长有空心而结实的角，是区别于牛、羊这一类的反刍动物。人们把羚羊作为一个类群已达到共识。

◆名师释疑◆

格陵兰雌海豹：是对鳍足亚目种海豹科动物的统称。海豹体粗圆呈纺锤形。全身披短毛，背部蓝灰色，腹部乳黄色，带有蓝黑色斑点。头近圆形，眼大而圆，无外耳廓，吻短而宽，上唇触须长而粗硬，呈念珠状。毛色随年龄变化：幼兽色深，成兽色浅。

名师指津

这段外貌描写生动形象，小海豹可爱的样子仿佛就在眼前。

们漂来。快看，浮冰上躺着一些海兽。它们浑身浅灰，只有两肋是黑色的。它们是格陵兰雌海豹，即将在寒冷的冰面上生下小宝宝。

刚出生的小海豹毛茸茸的，浑身雪白，黑黑的鼻头和乌亮的眼睛，十分可爱。起初它们只能在冰面上走动，要等一段时间学会游泳后才能下水玩耍。格陵兰雄海豹也爬到了冰上，它们的脸和腰都是黑色的，淡黄色的毛又短又硬，正在往下脱落。雄海豹要躺在冰上漂流一段时间，直到毛换完为止。

海洋的上空远远地飞来一架飞机，开始在冰面上方盘旋。这是侦察员在观察海豹的分布情况。看看哪里的冰原上有雌海豹带着许多小海豹，哪里的冰原上躺着正在换毛的雄海豹。飞机盘旋了一段时间飞走了，侦察员是去向船长报告，哪里的海豹多得数不清。没过多久，一艘专业的海豹捕猎船开来了，迅速地绕过一块块冰原，直奔目的地去了。

这里是黑海

我们这里海豹很少见，因为它们不是本地的动物。一次，有人看到一只海豹从水里露出三米多长的乌黑脊背，一跃又不见了。其实，这是一只地中海的海豹，经过博斯普鲁斯海峡，偶然游到这里来的。

虽然海豹只能侥幸得见，但我们这有许多别的野兽。那就是活泼可爱的海豚。如果现在去巴统城附近，正是猎取海豚的好时机呀。

坐着小汽艇出海的猎人们想知道海豚在哪儿，最巧妙的办法是仔细地观察海鸥。如果看到海鸥从四面八方都飞向一个地方，那里一定有成群的小鱼，而那里也必然是海豚们的聚集地。

海豚天生喜欢游戏,并非常爱表演。它们常在水面上翻腾,有时还排着整齐的队伍,一只跟一只地从水面上蹦起来,在空中玩着翻转的花样。不过,趁海豚玩耍时捕捉它们是很困难的,它们会迅速地逃走。要到海豚吃东西的地方去,等它们大快朵颐的时候下手才行。那时,小汽艇偷偷开到离海豚10米到15米的地方去,快速射击。如果打中了就要立刻过去把猎物拖到船上,不然,被击中的海豚就会沉入海底,难以打捞了。

这里是里海

我们里海的北部气温较低,部分海域有冰冻,冰块是很多海豹的乐土。此时,小海豹已经长大,毛已由雪白色换成了深灰色,再长大些就会变成棕灰色的。海豹妈妈钻出圆圆的冰窟窿喂奶的次数越来越少了,它们也开始换毛了。

海豹妈妈们会离开原来的冰原,游到躺着一群群雄海豹的地方去,跟它们一起换上新装。如果海面上的浮冰融化、破裂了,它们只好爬到岸上,躺在沙滩上等待着新毛换好。

我们这里的鱼有许多种:里海鲱鱼、鲟鱼、白鲟鱼,等等,它们从四面八方的海域游来,游到伏尔加河、乌拉尔河的河口附近,盼望着几条河流上游的冰快点融化,这样带来的饵料能让它们饱餐一顿。

河流解冻后,鱼儿们就开始忙碌了,它们一群挨一群,争先恐后地逆流而上,不畏路途遥远,要赶到北方去。那里是它们出生的地方,每年回去是要到那里产卵。

这些爱旅行的鱼儿们,它们的旅途充满了艰险,因为沿着整个伏尔加河、卡马河、奥卡河、乌拉尔河及其支流,渔民们早已布下罗网,等待着这支想返回故乡的鱼类大军进入包围圈。

喂！喂！这里是中亚沙漠

我们这里的春天是充满欢乐的。春雨连绵，空气清新，小草钻出了地面，灌木长出了叶子，到处一片新绿，连沙地上都出现了生机。

动物们都从严冬的酣睡中醒来了：蛇、蜥蜴、乌龟、土拨鼠、跳鼠之类的，都从昏暗的洞穴中爬出来了；屎壳郎、象鼻虫飞来了；灌木丛中亮晶晶的吉丁虫也多起来了。

春天的客人非常多。小小的沙漠莺、爱跳舞的鹍在空中快乐地歌唱；云雀家族种类繁多，有带冠的云雀、白翅膀的云雀、亚洲小云雀、黑云雀……它们纷纷赶来一展歌喉。

温暖的春天，多么地富有生命力，就连沙漠里都到处生机勃发！

至此，我们举办的无线电广播通报，就全部结束了。下一次播报在 6 月 22 日举行。

春季第二月　候鸟们回来了

4 月 21 日至 5 月 20 日

4 月，冰雪融化，暖风吹醒了大地，万物都在苏醒。

山顶洁白的积雪化成了水流下来了，汇集成小溪，不时有鱼儿在水中欢快地畅游。清澈的春水缓缓流入河中，河床里的水不断上涨，夹着破碎的冰块，打着旋涡向前奔流。河水欢乐地歌唱着，去灌溉大片的农田。

春水滋养着大地，春雨润万物于无声。森林却肃穆地站在那里，仿佛春风还没有吹到这里。可是，你静静地听，树干里的浆液开始汩汩地流动啦，芽儿也鼓足了劲儿，向外顶着。一些柔嫩的枝条上胀起了花苞，草地上，一朵朵小小的野花已经绽放。

昆虫的节日

柳树换上了春装，冬天里那灰绿色的、斑驳的枝条上挂满了毛茸茸的小球，迎着春风，轻轻飘舞。

柳树开花了，昆虫们仿佛盼来了自己的节日，它们喜气洋洋，到处飞来飞去。那新绿色的树丛周围，五颜六色的蝴蝶正扇动着翅膀，翩然起舞。

快来看呀，这里有一只柠檬蝶，它的翅膀上仿佛被印上了花朵的图案，漂亮极了；一只大眼睛的棕红色的蝴蝶飞来了，它的名字叫荨麻蛱蝶；最有趣的要数这边的一只长吻蛱蝶，它落在嫩黄色的花球上，用它的翅膀遮住毛茸茸的小球，似轻吻又似密语，其实它正把吸管深深地探进花蕊之中，吸食那甜甜的花蜜。

此时，勤劳的小蜜蜂们更是忙碌，它们在花丛中兜来转去，忙着采蜜。浑身长着绒毛、个子很大的丸花蜂绕着花枝飞着，还发出嗡嗡的蜜鸣。

离这一簇纷繁热闹的树丛不远，也有一棵树，而且也是开了花的柳树，可是它却备受冷落。这棵树长着许多蓬松的暗灰中带着绿色的小毛球，样子的确不招人喜欢。它的花枝

名师指津

运用拟人的修辞手法，将柳树比拟为换上新装的人，更加生动形象地突出了春季到来之时，植物的样貌受到改变。

旁也围绕着昆虫，但与旁边的树相比却显得冷清许多。

不过，我们可不要小看了这棵<u>其貌不扬</u>的柳树呀，因为柳树的种子是结在这棵树上的。原来，昆虫们已经把花粉从那棵树的小黄球搬到了这棵树的灰绿色小球上来了。再过一段时间，种子就会在像小瓶子似的雌蕊上慢慢长大了。

特约通讯员　尼·巴甫洛娃

名师释疑

其貌不扬：指人的相貌平常或丑陋。

还有谁睡醒了

森林里生机萌动：蒲公英开花了；远处白桦树披上了淡绿色的薄纱，眼看就要长出叶子了。让我们看看森林中还有哪些冬眠的动物睡醒了。

蝙蝠醒来了，许多甲虫也都苏醒了。有扁平身体的步行虫，有拖着圆圆身体向前挪动的屎壳郎，等等。磕头虫在表演它的绝技，把它仰面朝天放好，只见它把头猛地往地上一磕，身体就离地而起，而且它往往不会直接落下，而是翻一个跟头，落地后稳稳地站好。

4月迎来了第一场春雨。雨后，许多粉红色的蚯蚓从土里钻出来。细嫩的蘑菇拱出土来，它们是羊肚菌和编笠蕈等菌类，简直像一把把撑开的小雨伞。

名师指津

雨后蚯蚓之所以从土里钻出来，就是因为雨后土中缺氧，出来呼吸一下新鲜空气。

森林里的保洁员

冬天，骤然到来的严寒会使一些鸟和野兽冻死在森林里。它们的尸体很快被大雪掩埋。到了春天，冰雪一旦融化，它们就露出来了。不过，不要担心，这些鸟兽的尸体不会在地上躺很久的。很快，森林里的保洁员——熊、狼、乌鸦、屎壳郎、蚂蚁，等等，组成的清洁队伍就会把尸体清理干净了。

春 花

　　春风里，越来越多的花朵开始绽放了，有三色堇、荠菜、遏蓝菜、蓼、欧洲野菊，等等。但这些花与雪花莲等典型的春花不一样，雪花莲是在春天到来以后才从地下钻出来的，发芽、生长、开花。而这些花从来都不躲起过冬，它们的蓓蕾早在前一年的秋天就迫不及待地长出来了，傲霜寒雪，毅然面对冬日的严寒。现在，盖在它们身上的雪被子融化了，明媚的阳光洒满它们全身。这些花睁开睡眼，花和蓓蕾深深嗅着春的气息。

　　我们看见了去年晚秋时候长出来的那些蓓蕾，现在都已经开成了花朵，在草丛中露出美丽的笑颜。

　　这些寒冬时节依然坚强挺立的植物，虽然也在春天绽放绚丽的花朵，可它们算不算春花呢？

特约通讯员　尼·巴甫洛娃

森林里的伞兵

　　森林里突然传来一阵啄木鸟的大叫，一定是啄木鸟遇到麻烦了。

　　循声穿过丛林，只见森林里的一块空地上一棵粗大的枯树。上面的树洞肯定是啄木鸟的家。一只小动物正顺着树干往树洞方向爬。这只小兽浑身发灰，尾巴不长，耳朵又小又圆，很像小熊的耳朵。一双大眼睛向外凸起，警觉地向四周张望。

这只小兽快速爬到树洞口，探头探脑地向里瞧，看来它是来偷吃鸟蛋的。眼看蛋宝宝就要被偷吃了，突然，啄木鸟拼了命一般向小兽扑来，小兽忙躲闪到树干后，啄木鸟紧追过来，誓死要狠狠地啄它一下。小兽沿着树干向上一路逃窜，越爬越高，一直被撵到了树尖上，这下再无路可逃了，啄木鸟趁机用力啄了它一口。小兽从树顶纵身一跳，从空中掉了下来。

只见它张开了四只小爪子，身体打开，像一片秋天的落叶，从空中飘落下来。身体轻轻地摆动，小尾巴还不时地转动着控制方向，就像掌舵一样。小兽飞过了草地，落在了一根树枝上。

这竟然是一只会飞的小兽。它的名字叫鼯鼠，是一种非常稀有的小动物。它的两肋上长着皮膜。当它伸出四只脚、打开皮膜时就可以飞翔了，因此被人们称为森林里的伞兵！

森林通讯员　尼·斯拉德科夫

春水泛滥

春天来了，对于森林中的动物来说，等待它们的并不全是好运气。因为冰雪融化得非常快，一时间山溪暴涨，河水泛滥，大水漫过河堤，淹没了两岸。有些低洼的地方顷刻变成一片汪洋。

受灾的坏消息接二连三地传来，最可怜的是那些住在地上和地下的小动物，比如兔子、鼹鼠、田鼠等，大水一下子灌进了它们的住宅，家被冲毁了，它们只能四处奔逃。

大水来临了，小动物们都不会坐以待毙，它们要想方设法逃脱水灾。尖嘴巴的鼩鼱逃出洞来，迅速爬上了灌木丛，等到大水退去后才能下来找吃的。它转动着圆圆的小眼睛，胆怯地打量着四周，一副可怜相，估计是饿坏了吧。

大水一下漫上堤岸的时候，鼹鼠正在窝里，险些没被闷死。万幸的是，鼹鼠是个出色的游泳家，它急忙从地底下爬出来，钻出水面奋力向前游动，想找一块干燥的地方安身。它游了好几十米，终于爬上了岸。

鼹鼠长出一口气，幸好在水里没有遇到天敌，否则它那一身油亮的毛皮定会引起它们的注意。为了防止被敌人发现，鼹鼠不敢怠慢，顾不上休息立刻挖洞钻到地下去了。

遭殃的鸟儿们

对于振翅高飞的鸟类来说，发大水似乎与它们没有关系，可是谁知道它们也因此而遭殃呢。长着淡黄色羽毛的鹨鸟在一条水渠的岸边搭了一个窝，并在里面生下了蛋宝宝。谁料，突如其来的大水把窝冲得七零八落，蛋也被冲走了。鹨鸟只得伤心地离开，到别处做窝去了。

沙锥的日子也不好过，它本来是生活在林中沼泽地上的，每天用它长长的尖嘴，伸到又湿又软的泥中去捕捉食物。现在大水泛滥，它那一双早已习惯了踩在地上的脚，只能整天站在大树上，这简直就像让狗蹲在栅栏上一样，怎么受得了？

沙锥焦急地苦等着，不过它只能等大水退去，因为离开这里它不知道去哪里生活。别处的沼泽早已有同类占据，它飞过去也难以找到栖身之地。

名师指津

遭殃、谁料、伤心这一系列词语描写了灾难给鸟类带来的伤害，表达了作者同情与怜悯。

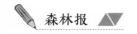

被打中的梭鱼

一天，我们的猎人通讯员发现了一群野鸭，他悄悄地向它们靠近。野鸭就栖息在湖边的灌木丛后面，此时的湖水已漫过了堤岸，猎人穿着长筒胶靴，在没膝深的水中轻轻向前移动。

突然，猎人听到灌木丛后传出一阵拨水声，紧接着出现了一只怪物。它身体很长，全身光溜溜的，长着灰色的脊背，在浅水里扭动着。来不及多想，猎人举起手中的枪，对着这个怪物扣动了扳机。

怪物扑腾了几下，灌木丛后面的水泛起许多泡沫，后来就没了动静。猎人走过去一看，原来刚才打死的是一条足有15米长的梭鱼。

此时正是梭鱼产卵的季节，它们从河里、湖里游到被河水淹没的岸上去，在草丛中产卵。等小梭鱼孵化出来之后，水势也正好下落，到那时再随着水流游到湖里、河里去。

猎人感到很懊悔，因为他在不知情的情况下触犯了法律。法律规定：禁止猎杀春季到岸上来产卵的鱼，即使是梭鱼等食肉的鱼也不可以。

名师指津

此处作者留下悬念，到底这个怪物是什么？吸引读者继续看下去，增加了文章趣味性。

◎ 名师释疑 ◎

懊悔：指因过错而自恨。

鱼儿在冬季做什么

冰天雪地的严冬时节，江河湖泊中的鱼儿们在做什么呢？许多鱼都在睡大觉。

鲫鱼和冬穴鱼在秋天的时候就会钻进河底的淤泥里，鱼和小鲤鱼在河床的沙坑中过冬，而鲤鱼和鳊鱼则躲在长着芦苇的水湾深坑里。大的河流冬天不会被冻透，而且河越深，靠近河底部的水就越暖和。聪明的鲟鱼在秋天时就成群结队地聚到了大河的底部，在一个个的河坑里，密集地挤在一起。

上面所说的那些在冬天睡觉的鱼，此时都已经来了，它们要赶在春回大地的时节开始产卵了。

太阳雪

5月20日的早晨，红日东升，阳光普照，东方的天空清澈莹亮。可谁也没想到，这时空中竟飘起了雪花。雪花在空中旋转飞舞，在阳光照射下闪闪发光。

你不用害怕，春姑娘的脚步早已临近，冬老人再也不能用雪花吓唬我们了。雪花在空中贪玩地飞了几下，洒落到了大地上立刻就融化了，就如同无数小雨丝，滋润着春天的大地，让蘑菇早日撑起一朵朵小伞。

不信，我们到野外的森林去看看，一定会发现许多带着褶的褐色小伞，那是大自然赐予人们的早春的美味——羊肚菌。

森林通讯员　维利卡

名师指津

通过把春天和冬天拟人化，让人感受到季节的温情。

春季第三月　尽情歌唱舞蹈

5月21日至6月20日

一起唱歌玩乐吧！

5月，春天开始给森林换上新装。这是一个快乐的月份——森林里的唱歌跳舞月。

太阳的光和热战胜了冬季的寒冷和黑暗；晚霞和朝霞握手，北方开始了白夜；生命夺回了大地和水，挺直了身板；高大的树木披上了由新叶点缀的亮闪闪的绿衣服。

无数昆虫在空中挥舞着翅膀，表达着对5月的热爱之情。黄昏，蚊母鸟和蝙蝠开始了它们的觅食；白天，空中飞翔着家燕和雨燕，耕地和森林的上空盘旋着雕和鹰，田野的上空有抖动着翅膀的茶隼和云雀。

推开没有铰链的大门，蜜蜂飞了出来。放眼望去，森林里热闹非凡：地上的琴鸡，水里的野鸭，树上的啄木鸟等，都在唱歌、跳舞、做游戏。现在的场景可以引用诗人的话："在俄罗斯，森林的每一只鸟兽都在欢乐着。肺草冲破了去年残留的败叶，钻出了地面，发出耀眼的蓝色。"

天然保护层

花朵里面最娇弱的就是花粉了。花粉一旦被雨水、露水打湿，就会坏掉。因此，花粉需要学会保护自己，避免被雨露打湿。

有些植物的花像小铃铛一样倒挂着，这样就能使它们的花粉藏在底下而不至于打湿，如铃兰、覆盆子、越橘。

有的花朵是朝天开的，如金梅草。它的每一个花瓣都是像勺子似的向内弯着，一层压着另一层的边，形成一个蓬松且四面没缝的小球。即使雨点打在上面，也不会落进里面打湿花粉。

凤仙花的花梗架在叶柄上，这样它的花就开在叶子下面，使叶子成为天然的屋顶。

有些花朵，一旦遇上下雨天，它就自动闭合花瓣，这样就避免了雨露的浸湿，如野蔷薇、莲花。

毛茛的花则是向下垂着生长的，是否下雨好像与它们毫无关系。

名师指津

物竞天择，适者生存，从这里可以看出凤仙花的生长结构符合生物进化的规律。

从非洲徒步走来的秧鸡

从非洲徒步走来了一种带有翅膀的怪异的动物，它就是秧鸡。

秧鸡跑得很快，而且它很会隐藏自己，这样就能避开鹞鹰和游隼的追捕。秧鸡虽然长有翅膀，但是它飞得特别慢，并且只有到了非飞不可或者夜里才会飞，因此，它宁愿徒步

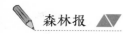

走过整个欧洲。

如今，秧鸡徒步走到了我们的城市，在茂盛的草丛中经常能够听见它的叫唤声："别列克！别列克！别列克！"即使你听见了它的叫声，想要将它赶出草丛一睹它的芳容，这似乎没有那么容易。

果子熟了

这个季节，草莓已经熟了，在阳光的照射下，你能看见已经完全熟透了的红色的草莓。吃过这个季节的草莓的人，很久也不会忘记草莓的甜味、香味。

除了草莓，覆盆子、沼泽地上的桑悬钩子也快成熟了。比较起来，覆盆子结的果实最多，每棵草莓的枝上最多结五个果实，而桑悬钩子的茎端只能结一个果实，并且不是每棵树上都会有果实，也有只开花不结果的树。

吃荤的松鼠

一个冬季让松鼠憋坏了，在冬天，它只能剥松果吃，或者吃秋天储存起来的食物——蘑菇。现在终于有机会吃荤了，因为鸟儿已经做了巢，产下了蛋，甚至有的鸟儿已经孵出了小鸟。

松鼠爬到树上，开始寻找食物，在破坏鸟巢这件事上，它不会输给任何动物。他找到鸟巢，偷走了小鸟和鸟蛋，它的这顿饭有着落了。

兰　花

生长在北方的兰花是珍品。它跟生长在热带森林的奇兰是不相同的，北方的兰花生长在地上，而热带森林的兰花生长在树上。北方的兰花中有几种长得很奇特，像一只胖嘟嘟的手张开的五根手指头，有好看的花，也有不好看的花，但是它永远都散发着兰花的芳香。

最近，我在罗普萨第一次见到了兰花里面最奇特的花。它有五朵大花，当我伸手去碰花朵时，马上缩回了手，因为我看见了一只红褐色的苍蝇，我试着用麦穗把它打掉，但是怎么也弄不下来，仔细一看，原来它并不是一只苍蝇。它柔滑的身子上有着浅蓝色的斑点，头上有一对触须，还有毛茸茸的短翅。原来，这个小动物是花的一部分，这是一种叫作蝇头兰的花。

森林简讯

名师指津

通过这段描写，我们知道，有的花是由动物和植物两部分构成。

鳗鱼的成长演变

有的鱼是在河里产卵，然后幼鱼再回到海里去生活。然而，有一种鱼，将卵产在深海里，然后从深海游回河里去生活。它的出生地是大西洋的藻海。

这种鱼名叫小扁头。大家没听过这样的鱼名吧？因为这种鱼只有在很小、还住在海里的时候才叫这个名。小时候，它全身透亮，连肚子里的肠子都能看得一清二楚，腰身呈扁形，像一片树叶。等到长大后，它却变得像条蛇。它长大后的名字叫鳗鱼。

小扁头会在藻海里住三年，等到四岁的时候，它们已经变成了小鳗鱼，但是身体还是像玻璃一样透明。这一年，这些像玻璃的小鳗鱼开始游进涅瓦河。它们从故乡大西洋深海到涅瓦河，至少有 2500 公里的里程哪。

森林里的新住户

近几年，猎人们常常看见一种不认识的野兽。这种野兽跟狐狸差不多大小，经常在彼得格勒省叶菲莫夫和邻近几个区的森林里活动。原来，它是来自乌苏里的浣熊狗，也叫浣熊。

相信大家都很疑惑，它是怎么到这里来的呢？

你肯定猜不出答案，因为它是火车运过来的。

附近的森林里运来了 50 只浣熊。10 年的时间里，它们已经繁殖了一大批后代。现在，猎人捕猎浣熊已经获得了允许。

浣熊的毛皮很珍贵。在这里，浣熊是不冬眠的，所以整个冬天，猎人们都可以捕猎它们。但是，因为它们的故乡乌苏里很寒冷，它们在那里会冬眠。

欧 鼹

很多人对欧鼹有错误的认识：欧鼹是啮齿动物，它们跟老鼠一样，会在地下刨洞，吃植物的根。其实，鼹不是鼠类。它的皮毛像天鹅绒般光滑柔软。它的食物是金龟子和其他害虫的幼虫。欧鼹不会去危害植物，反而是对人类有益的。

当你看到鼹在花园或菜园刨洞，刨出的泥土破坏了花或者蔬菜，不要着急，也不要生气，你可以找一根长杆插在地上，并且在长杆上安一个风车。

风会带动风车的转动，风车的转动使长杆抖动，这样，地面也会抖动。地面的颤抖会使鼹洞发出嗡嗡的响声，这会使鼹四处逃跑。

名师赏析

3月21日这天早晨，按照俄罗斯的传统，人们要做烤"云雀"吃——就是把小面包的一头捏成个小鸟嘴，放上两颗小葡萄当眼睛。这天，人们打开鸟笼，将会叫的小鸟都放到大自然中，飞鸟节就这样开始了。孩子们把心思完全放在这些长翅膀的小家伙身上了：往树上给他们挂小鸟巢——有椋鸟的，山雀的，有的还做成树洞一样。通过作者的描写，让我们了解到动物是如何度过春天的。

本章文字优美而活泼，融情于景，触清新细腻，时而浮光掠影，时而曼妙多姿，处处描述着大自然中生物们的奥秘。这是一部深沉而嘹亮的生命进行曲，处处洋溢着欢乐与自由，处处体现着作者对于生命的理解和尊重。

学习借鉴

好词

俯首称臣　成群结队　蹦蹦跳跳　杳无踪迹

转瞬即逝　大快朵颐　生机勃发　翩然起舞

兜来转去　其貌不扬

森林报

好句

　　＊清澈的春水缓缓流入河中，河床里的水不断上涨，夹着破碎的冰块，打着旋涡向前奔流。

　　＊春水滋养着大地，春雨润万物于无声。

　　＊那新绿色的树丛周围，五颜六色的蝴蝶正扇动着翅膀，翩然起舞。

思考与练习

　　1.在本章介绍中，春天到来后，有哪些动物结束了冬眠？

　　2.你认为冬眠是动物们必不可少的习性之一吗？浣熊不一定非要冬眠，说明了什么？

夏

六月，玫瑰花开。鸟儿的迁徙结束了，夏天开始了。白天越来越长，在遥远的北方，已经完全没有黑夜了——太阳不落山了。在湿漉漉的草地上，花儿越来越鲜艳：金凤花、立金花、毛茛，整个草地金灿灿的。在太阳初升的黎明时分，人们到森林里采集许多药材的花、茎和根，并把它们储藏起来，以备患病的时候，把它们内部吸收的太阳的能量，全部转移到自己身上来。那么小动物在夏天是怎样表现的呢？看我们一睹动物界的魅力吧！

夏季第一月　鸟儿建巢

6月21日到7月20日

夏天来了

6月，夏天来了。此时，玫瑰开放，所有的候鸟们都已完成了返乡的旅程。白昼的时间变长，并达到一年中的最长。

在最北方，甚至出现了长达24小时的白昼。湿漉漉的草地也染上了太阳的色彩，其实是金凤花、立金花、毛茛的功劳，它们把草地点缀成了一片金黄色。

现在正是人们采集药草的最好时机。在每天的黎明时分，人们迎着初升的太阳，在森林中采集药草的花、茎、根。这些药草的身体里储藏着太阳的生命力。当人们患病时，通过它们，为自己的身体补充太阳的能量。

6月22日，夏至日。这是一年中最长的一天。

这天过后，白昼的时间开始逐渐缩短。缩短的速度比较缓慢，和春天来临时白昼时间增长的速度差不多。不过夏天的临近，感觉上还是挺快的，就像人们说的："从篱笆的缝隙中，已经看到夏天的头顶了！"

森林里的鸟儿们都有了自己的鸟巢，装饰着各种五颜六色的鸟蛋。很快，隐藏在鸟蛋内的生命会破壳而出，成为鸟儿家族中最新的成员。

鸟儿们各自的家

现在，正是鸟儿们开始孵化下一代的时间。居住在森林里的鸟儿们，已经为自己盖好了新房子。我们编辑部的记者决定去了解一下它们的生活状况：住在哪儿？过得怎么样？

住宅评选

看了这么多的住宅后，记者想要找出一所最好的。但是，想要在繁多的住宅中挑选出最好的一个，实在不是一件容易的事。

最大的房屋当属雕的。它的鸟巢由粗树枝搭成，架在一棵又大又粗的松树上。

最小的则是黄头戴菊鸟的鸟巢。黄头戴菊鸟的个头比蜻蜓还小。它的鸟巢的面积也只有小拳头般大小。

最普通的房屋归属于领带鸟——勾嘴鹬和夜游神——欧莺。它们在建造房屋上都没花费什么力气。勾嘴鹬将蛋直接下在河边的沙滩上，欧莺则是把蛋下在小坑里或是树下的枯叶堆。

最舒适的房子是长尾巴山雀的。它建筑的鸟巢圆圆的，像个小南瓜。鸟巢分为用绒毛、羽毛、兽毛编制的内层和用苔藓粘成的外层，顶部还有一个小圆门。

不同材料建造的房子

我们在建造好房屋后，会涂抹一层洋灰，用来修饰、平整墙壁。森林里的鸟儿们也学会了用这招。比如，有歌唱家之称的鸫鸟会在自家圆形巢穴的内壁上涂抹上一层烂木屑。

家燕和金腰燕在用烂泥做好房子的毛坯后，会把自己的唾沫当"水泥"，将房子粘牢。

森林里的细树枝不会被浪费掉，它们会被黑头莺拿来做建筑材料。搭建好之后，它们还会找来蜘蛛网，将这些树枝固定住。

鸟是一种住在树洞里的小鸟，它们喜欢找洞口很大的树洞筑巢。不过，为了防止松鼠的侵犯，鸟会找来胶泥，将洞口封到只有自己身体那么大小。另外，由于居住在树洞中，鸟还练就了一项特殊本领：头朝下，在笔直的树干上来去自如。

在这森林里，最有意思的房子是翠鸟的。这种有着绿里透蓝、外带咖啡色条纹毛皮的小鸟会在河的岸边挖洞筑巢，

名师指津

动物们学习人类的做法，改善自己的生存条件，不断进步。

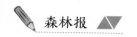

洞穴一般都会很深，而且翠鸟会在洞里铺上一层细鱼刺作为软床垫。

在他人的房子里借住

森林里会出现借用别人房子的情况。通常，出现这种情况的鸟儿，要么是不会造房子，要么是自己懒得动手造房子。

杜鹃借用的是鹡鸰、知更鸟、黑头莺和其他小鸟的房子，它会将蛋下在借来的鸟巢里。

森林里，旧的乌鸦巢不会被闲置下来，因为黑勾嘴鹬会继续使用。它们会在那里繁殖下一代。

在水底的沙岸壁上，会找到许多虾洞。其中，一些闲置的虾洞会被船舸占用，在那里产子。

一只麻雀很聪明，它把自己的家安置在一个既宽敞又安全的地方。刚开始，这只麻雀将房子建在屋檐下。不幸的是，它的家被一个小男孩看见后，彻底捣毁了。接着，它又搬到树洞里。但是，伶鼬又盗走了它下在树洞里的蛋。最后，它将家搬到了雕的巢内，因为雕巢是用粗树枝搭建的。麻雀只要借用粗树枝之间空隙的地方，就可以居住，而且还很宽敞。

麻雀终于过上了安稳的日子。

狐狸撵走了獾

不好了，出事儿了：狐狸家的房顶塌了，差一点儿砸死了房里的小狐狸。

狐狸被吓着了，心想：到了必须搬家的时候了。

但是要往哪儿搬呢？狐狸想到了獾。獾自己挖了一个很安全的洞：分为东西两个出入口，还有横竖两条道。这些都是用于将来逃生的。它的洞足以容下两家子。

狐狸找到獾，请求收留它们，但是遭到了拒绝。因为獾特别爱干净，不希望家里有一丁点脏的地方，因此，它绝不可能让一个带有孩子的人家入住。于是，狐狸被獾赶了出来。

狐狸心里很不爽，暗自下定决心，一定要住进獾的家。

狐狸躲到了树林里的灌木丛中，静静地等待着机会。

这时，獾探出头观望了一下，看见狐狸已经走了，放心地爬出了洞，然后走向树林找寻食物。

狐狸乘机钻进了獾洞，在洞里拉了一堆屎，然后跑了。

獾刚一进家门，就闻见了一股刺鼻的臭味。看到家里脏乱一片，它气得咬牙切齿。这里已经住不下去了，它只好到别的地方去挖新洞。

狐狸暗自高兴着。

等獾一离开，狐狸就将小狐狸衔了过来，安安心心地住在了这个洞里。

名师指津

用拟人的修辞手法写出了狐狸与獾争夺洞穴的过程，趣味横生。

矢车菊变戏法

绛红色的矢车菊开满了整个操场和空地。这种菊花跟伏牛花很相似，都有一种特殊的本领：变戏法。

矢车菊的构造很复杂，它的花序由许多小花组成。你看到的蓬松且像犄角的漂亮的小花，并不是它真正的花朵，这些只是不结种子的无实花。花的正中间，有许多绛红色细管，这些细管才是矢车菊真正的花。你可别小瞧了这些细管，在这当中，除了有一根雌蕊，还有好几根会变戏法的雄蕊。

轻轻一碰细管，细管的小孔里就会出来一小团花粉。

再一碰，又会冒出一小团。

这就是一套戏法。

矢车菊很慷慨，只要有昆虫索要花粉，它都会给一点。无论是把花粉作为食物的，或者是身上沾点儿花粉作为装饰的，矢车菊都觉得无所谓。只要稍微带点去另一朵矢车菊上，它就已经心满意足了。

勇猛的雄棘鱼

房子造好后，雄棘鱼马上娶了个妻子。雌棘鱼被带回家后，从一边的门进去，产下鱼子后，立刻从另一边的门游走了。

雄棘鱼接着又找了第二任、第三任，甚至第四任妻子。但是这些妻子最终都走了，只留下它们的鱼子。因此，照顾鱼子的重任便落到了雄棘鱼的身上。

家里到处都是鱼子，雄棘鱼必须留在家里保护它们。因为这些新鲜的鱼子是河里某些恶魔的最爱，雄棘鱼必须防止那些残暴的恶魔袭击自家的房子。

前几天，鲈鱼闯进了棘鱼的家。雄棘鱼发现后，勇猛地冲了上去，跟鲈鱼展开了生死搏斗。棘鱼竖起了身上的五根刺，猛地戳击鲈鱼的鳃部。这正是棘鱼的聪明之处。因为鲈鱼全身都是鱼鳞，只有腮部是它的薄弱地带。棘鱼的勇猛吓坏了鲈鱼，它赶紧趁机溜走了。

没有脑袋的金线虫

听说，有一种神秘的生物，在人洗澡的时候，它能够钻进人的皮肤，在皮下来回窜动，令人感到奇痒无比。这种生物就是金线虫。它生活在江河、湖沼和池塘里，也能在普通的深水坑里生存。

这种生物很像一根根棕红色的线，更像一截截用钳子截断了的金属丝。它的身体很坚硬，即使用石头去敲打它，它一点也不害怕。它会把身体时而伸长，时而缩短，甚至盘成一小团儿。

虽然金线虫会钻进人的身体，但它对人体并不会造成伤害。它是一种没有脑袋的软体虫。肚子里装满卵的雌金线虫，会在水里将卵孵成有角质的长嘴和钩刺的小幼虫。这些刚出生的金线虫首先要找着自己的附属物——水栖昆虫的幼虫。

在进入这些幼虫的身体后，金线虫会隐藏在幼虫的表皮下面。如此一来，小金线虫的命运直接跟主人的命运息息相关。如果不幸，主人被水蜘蛛或者别的昆虫吃掉，那它们的一生也就算完了；如果能够遇见新的主人，并且钻进它们的身体，那么金线虫就会变成没有脑袋的软体虫。

假如你在水里看见它们，你又有些迷信，相信它们会让你有点害怕。

像大象的云

天空飘来了一团黑云，形状很像一头大象。这头大象伸出了鼻子，触到了地上，地上立刻扬起一片灰尘。灰尘从地上盘旋着上升，越升越高，越变越大。最后，终于跟大象的鼻子汇合了，连接处形成了一根连接天地、旋转着的大柱子。这根大柱子被大象搂在怀里，并飘向了远方。

这头大象来到了一座小城市的上空，它在这里停住了脚步。突然，它洒下了一大片大而密的雨点，瞬间，道路被打湿了。人们撑开了伞，房顶和伞上都传来了"乒乒乒乒"的声音。原来，是街上水塘里的蝌蚪、小蛤蟆和小鱼敲打它们的声音。

后来，人们终于明白了，原来这块像大象的云，在龙卷风的帮助下，吸收了森林里的小湖许多水分，甚至还带走了湖里的蝌蚪、蛤蟆和小鱼。它们随着这块云跑了很长的距离，终于，这块云不堪重负，在一个小城市的上空，将它们洒向了大地。

名师指津

通过描写云和雨的追逐，生动活泼地写出了下雨时的场面。

找回绿色的朋友

很久以前，我们有着无边无际的大森林。

但是，以前的森林没有被好好保护，并且对树木滥砍滥伐。哪儿的森林被砍光，哪儿就会出现沙漠和峡谷。

农田没了森林的保护，从沙漠刮来的风就会袭击农田。这些热得发烫的沙子烧死了庄稼，掩埋了土地。人们只能眼睁睁地看着，想不出什么办法来保护庄稼。江河、池塘和湖泊的岸边缺少了森林，积水开始减少，甚至干涸。农田开始遭受峡谷的进攻。

显然，不能任由这种情况发展，人类要掌握主动权。森林里的宝贵财富是属于他们的，他们要亲自夺回来。于是，人们向沙尘、旱灾和干涸的峡谷宣战了。

名师指津

这里有警示作用，我们一定要保护好森林，只有这样才能保证生态系统不被破坏，使我们的环境更适合居住。

这时候，森林是人们的好帮手。

我们将森林派到了江河、池塘和湖泊旁。这样，森林高大挺拔的身躯以及它那蓬松的大脑袋，保护了江河、池塘和湖泊，让它们免于太阳的烤晒。

我们还将森林派去了农田旁。它那挺起的胸脯，如同一道铜墙铁壁，抵挡住了携带热沙远道而来的旱风，使农田里的庄稼免受侵害。

当坍塌的土地需要保护时，我们仍会派去森林。只要森林去了，它的根就会牢牢抓住土地，将土地固定住，使它免于峡谷的吞噬，保护着农田的边缘。

抗击旱灾的战斗还在继续，我们将继续战斗下去。

少年自然学家的故事——杜鹃救活了橡树

我们集体农庄的旁边是一片小橡树林。以前，在这片树林里，很少听见杜鹃的叫声，最多也就一两次。但是，今年夏天，我时常听见杜鹃的叫声。这个时节，牛群常被赶到树林里放牧，突然有一天，一个小男孩跑回来告诉我们：牛在发疯。

当我们赶到树林时，都被眼前的景象吓呆了：牛用尾巴抽打着自己的背，还将头往树上乱撞。看到这种情形后，我们急忙将牛群赶走了。但是，我们谁也没弄明白到底是怎么回事儿。

最后，我们终于找到了原因。原来，罪魁祸首是毛毛虫。它是一种毛蓬蓬、咖啡色的虫子。它爬满了整棵橡树，甚至啃光了树叶。毛毛虫脱落下来的毛，被风吹得到处飞，刺痛了牛的眼睛，使牛像发疯了一样到处乱撞。

在这里，我第一次见到这么多的杜鹃。当然，这里除了杜鹃，还有好多别的鸟，比如金色带黑条纹的黄鹂，有淡蓝色条纹翅膀的樱桃红色的松鸦。鸟儿从周围都飞到我们这里来了。

最终，鸟儿吃掉了树林里的毛毛虫，救活了橡树。幸亏有鸟儿的帮助，要不然，这片树林会保不住的。

可恶的蚊子

蚊子分两种：一种是普通的蚊子，一种是疟蚊。普通蚊子并不可怕，被叮过之后，会痛并起红疙瘩。但被疟蚊咬过之后却很严重，会得"沼泽热"，也就是科学上所说的疟疾，这种病会使人忽冷忽热。当人感觉很冷的时候，会冷得打哆嗦，而且好了一两天后，又会忽冷忽热。

表面上看来，这两种蚊子没什么区别，只是雌疟蚊在吸吻旁多了一对触须。雌疟蚊叮人后，吸吻上所带的病毒会进入人的血液，破坏人的血球。

这样，人就会生病。

这些都是科学家们通过显微镜观察之后得出的结论，人的肉眼是无法看到的。

用煤油消灭蚊子

仅靠我们的手，是消灭不了所有蚊子的。

当蚊子还没长大，还是水里的孑孓时，科学家们就开始想办法消灭它们。

你可以带上一个玻璃瓶，从有孑孓的沼泽里舀一瓢水，然后在这瓶水里滴一滴煤油，仔细观察水里面孑孓的反应：煤油在水里散开后，孑孓开始躁动不安。它们像蛇一样扭动身体，一会儿跑到瓶底，一会儿又向上冲。

它们为了冲破表面上的那层煤油薄膜，想尽了各种办法，孑孓用的是尾巴，蛹用的是小角。表面上的那层煤油，让水里的孑孓无法呼吸，致使水里的孑孓被闷死。这种方法常被人们拿来灭蚊。当然，人们还有许多别的方法。

在沼泽地的人们，受到蚊子打搅时，就往死水里倒煤油。一个月只需倒一次，那个死水里的蚊子就可以被消灭干净了。

野兽咬死小牛

一件很稀奇的事儿发生了。

从林边的牧场跑回来一个放牛的小孩儿，他大声叫道："野兽咬死了小牛。"

顿时，农庄沸腾了：庄员们惊叫着，挤奶的女工甚至大声哭了起来。

咬死的这只小牛可是我们这里最好的，而且曾经在展览会上得过奖。

他们都丢下了手头的活儿，匆忙地向牧场跑去。

来到牧场，人们在一个偏僻的角落里看见了躺着的小牛。它已经死了，乳房被咬掉，脖子靠后颈的地方被咬破。

猎人谢尔盖告诉他们："是熊咬死了它，而且熊每次都是咬死之后扔在一边，它要等肉臭了，再回来吃。"

另一位猎人安德烈回答道："说得很对。"

谢尔盖说："大家先散了。我们要在这棵树上搭个棚子，在这里等着熊回来，即使今天晚上不会来，明天也有可能会来。"

这时，他们想到了另一位猎人塞索伊奇。他也挤在人群中，个头很小，很不起眼。

名师指津
由于煤油的密度比水小且不溶于水，所以会浮在水面，形成均匀的油膜。

谢尔盖和安德烈邀请他加入他们。但是塞索伊奇回答道："熊不会回来了。"

谢尔盖和安德烈对他的话很不屑，说："随便你怎么说。"

周围的人都散了，塞索伊奇也离开了。谢尔盖和安德烈开始用树条搭建棚子。不一会儿，塞索伊奇又回来了。他还带来了枪和他的小猎狗。他先观察了一下小牛周围的土地，然后又看了看周围的树。然后，他去树林了。

当天晚上，谢尔盖和安德烈守候在棚子里。第一天晚上，什么动静也没有。第二天，还是没动静。第三天，跟前两天一样。他们不耐烦了，也开始疑惑了：

"也许有什么线索是我们没注意到的，塞索伊奇说过熊不会来，也许他发现了什么？"

"要不，我们去问问他？"

当他们找到塞索伊奇时，他刚从树林里回来。塞索伊奇放下大口袋后，开始擦拭他的枪。

谢尔盖和安德烈说："我们需要向你请教一下，你是怎么判定熊一定不会来呢？"

塞索伊奇反问道："你们听说过这样的事吗？熊将牛咬死，然后只是啃去乳房，而不吃肉。"

熊的确不会干这种事，这两个猎人也知道，所以此时，他们只能相顾无言。

塞索伊奇继续问道："地上的脚印，你们观察过吗？"

"看过，脚的印子很大，大概有 20 厘米宽。"

"有很大的脚爪吗？"

两个猎人被问住了，因为他们没有看到脚爪印。

塞索伊奇继续说道："如果是熊，一眼就能看出脚爪印。你们知道哪一种野兽，缩着脚爪走路吗？"

名师指津

尽管不服气，但谢尔盖与安德烈不得不开始考虑塞索伊奇的话了。在遇到自己不了解的事情时，承认自身的目光短浅并虚心求教才是进步的好方法。

名师指津

这告诉我们要善于透过现象看到事物的本质。

"狼！"谢尔盖脱口而出。

塞索伊奇嘲讽道："真是个会辨别脚印的猎人。"

安德烈补充道："不会是狼，狼的脚印跟狗差不多，只是大而窄长些。应该是<u>猞猁</u>。只有它走路才缩脚，而且它的脚印是圆的。"

"对，咬死小牛的就是猞猁。"塞索伊奇回答道。

"真的吗？"

"不信你看看背包里的东西。"

他们打开背包一看，一张红褐色带斑点的大猞猁皮在里面。

原来，凶手就是猞猁。但是，塞索伊奇是怎么找到猞猁，并且杀死它的？只有他和他的小猎狗知道。他也从没告诉过别人。

猞猁咬死牛是很少见的，但是却在我们这里发生了。

◀名师释疑▶

猞猁：属于猫科，体型似猫而远大于猫，体粗壮，尾极短，通常不及头体长的1/4。

东南西北——无线电通报

这里是列宁格勒《森林报》编辑部。

今天，6月22日，是夏至日，是一年里白天最长的一天，就在今天，我们要进行一次无线电通报。

苔原、沙漠、森林、草原、海洋、山川！都请注意！现在正值盛夏，白昼最长，黑夜最短。请大家谈谈你们那里的情况是怎样的？

北冰洋群岛

什么是黑夜，什么是黑暗，我们已经不记得了。我们这

里的白天是最长的，它整整持续了 24 个小时。太阳永远都挂在天上，绝对不往海里落，只是一会儿升，一会儿降。就这样，已经持续将近 3 个月了。

我们这里的阳光永远都是那么闪耀，就像神话里讲的那样，地上的草不是按天生长，而是按小时生长的。花儿越开越多。沼泽里长满了苔藓，甚至光秃秃的石头都被五颜六色的植物给覆盖住了。

我们这里没有美丽的蝴蝶和蜻蜓，没有伶俐的蜥蜴，也没有青蛙和蛇，更没有那些需要冬眠的大大小小的野兽。我们这里的土地永远被寒冰封锁着，就是在夏天最热的日子里，也只有大地表面才开冻。

苔原上空的蚊子成群结队，嗡嗡地飞着，看起来就像是一片乌云。可是，我们这里没有行动灵活的蝙蝠。这些著名的捉蚊专家住不惯这里，就算是它们飞来这里，也只能在晚上或者夜里出去追捕蚊子！可我们这里，这个夏天都没有黑夜，它们怎么捉蚊子呀？在我们这里的岛屿上，野兽的种类很少。只有旅鼠、白兔、北极狐、驯鹿。偶尔会从海里游来几只大白熊，在苔原上摇摇晃晃地走过来，找点儿食物吃。

中亚细亚沙漠

现在，我们这里刚好相反，所有的动植物都躲起来睡觉了。我们这里好久都没下雨了，最后一场雨是什么时候下的，我们已经不记得了。这儿的太阳很毒，将草木都晒枯了。但是，它们并没有被晒死。

比如，有刺的骆驼草将根扎进土里五六米深，这是为了能够喝到地下水。这里的灌木和草，为了减少水分的蒸发，用绿色的细毛代替了叶子。我们这里长有很多的矮树，即无叶树的丛林。它们只有细的绿树枝，没有叶子。

海 洋

我们从列宁格勒出发，乘船经过芬兰湾、波罗的海，到达了大西洋。在大西洋的海面上，常常能够看到英国、丹麦、瑞典、挪威的船只，既有商船，也有游船，还有渔船。大西洋有鲱鱼和鳖鱼。

太平洋会有很多的鲸，等我们到达那里，我们再谈论鲸。今天就到这里吧！

现在，夏季全国无线电广播已经全部结束了。下一次的广播，我们将在 9 月 22 日举行。

夏季第二月　鸟儿出生

7 月 21 日至 8 月 20 日

盛 夏

7 月，夏季进入了鼎盛时期，它不知疲倦地把力量注入整个世界。田野里，燕麦已穿上了长衫，而荞麦却连衬衣还没套上。

绿色植物在阳光照射下使劲拔高。成熟的稞麦和小麦犹如一片金色的海洋，稞麦行着鞠躬礼，头深深地向下垂着。我们把麦子贮藏起来，作为一年的口粮。一片片的青草被割倒了，到处弥漫着草的清香。人们把青草晒干后堆成一座座草垛，这样，牲口们就可以在漫长的冬季安然饱餐了。

鸟儿们到哪儿去了，为什么听不到它们的歌声？原来，鸟儿们正在窝里孵小鸟呢。雏鸟刚破壳而出的时候，身上是光滑的，还没有长出羽毛。眼睛也看不到东西，所以在很长时间里都离不开父母的精心照料。幸运的是，盛夏时节，地上、水里、林子里，还有空中，到处都是小鸟的食物。

森林里到处结满了多汁的果实，有草莓、黑莓、大覆盆子，还有醋栗。在北方，有金黄色的桑悬钩子；而在南方的果园里，有洋莓和甜甜的樱桃。

草场已脱掉了金黄色的外套，换上了绿底的花裙子。其中白色的小花尤为显眼，那是野菊，它雪白色的花瓣可以反射炽热的日光保护自己。因为太过热情的阳光，有时能把柔嫩的生命灼伤。

名师指津

不同的地域会有不同的果子，因为气候、水土的原因。

森林里的小宝贝

谁的宝宝多

罗蒙诺索夫城外有一大片森林，一只年轻的麋鹿妈妈生活在这里。今年，它生了头小麋鹿。

一只白尾雕也把窝搭在这片森林中，窝里正有两只嗷嗷待哺的小雕。

黄雀、燕雀和鹀鸟的窝里各有 5 个小宝贝。长尾巴山雀孵出了 12 只小山雀。灰山鹑更了不起，它孵出了 20 只宝宝。

在棘鱼的洞穴里，每一颗鱼子都能长成一条小棘鱼，那就有上百条小棘鱼在游动嬉戏。一条鳊鱼产的卵可以孵出几十万条小鱼，你一定大吃一惊吧？还有更多的呢，一条鳖鱼的孩子简直多得数不过来，大约有几百万条！

操心的妈妈

森林里有许多尽职尽责的妈妈，麋鹿以及所有的鸟妈妈们对自己的孩子都关爱有加。有谁敢攻击麋鹿娇贵的独生子，麋鹿妈妈随时都准备和它拼命。就算是凶猛的大熊来犯，麋鹿妈妈也不客气，它会前后脚一齐乱踢一通。这一顿蹄子立刻镇住了熊大爷，领教了厉害的蹄子，它下次再也不敢靠近小麋鹿了。

山鹬绝对称得上是鸟类好妈妈的代表。一次，我们《森林报》的通讯员在田野里走着，突然一只小山鹬蹿了出来，在通讯员们的脚旁，一跳一跳地躲进了不远的草丛。

通讯员们走过去，一下子就把小山鹬捉住了。小山鹬大声叫起来，仿佛在拼命地喊它的妈妈快来救命。

山鹬妈妈很快赶到了，它看到自己的孩子被人捉住了，"咕咕"地叫着扑了过去。可紧接着，山鹬妈妈摔在了地上，翅膀也耷拉下来。"它一定是受伤了，捉住它。"通讯员想，于是放下小山鹬去追它。

通讯员紧走几步，追上一瘸一拐的山鹬妈妈，伸手一抓，它却向旁边一闪。通讯员再追几步，一扑，它又躲开了。就这样追呀追呀，走出了很远的距离，突然间，山鹬妈妈拍打两下翅膀，腾空而起，轻巧地脱身飞走了。

惊讶的通讯员赶紧回头去找小山鹬，却早已踪迹全无。原来，聪明的山鹬妈妈刚才是故意装成受伤的样子，诱使通讯员放开自己的孩子来捕捉自己，使孩子安然得救。

名师指津

不论动物界还是人类，母爱都是那么伟大，决不允许任何人伤害自己的孩子。

山鹑妈妈的孩子不算太多，只有 20 个，所以它能把每一个都照顾得非常周到。

森林通讯员　尼·斯拉德科夫

浆　果

这个月份，好多浆果都要成熟了。在果园里，人们可以采摘树莓、红醋栗、黑醋栗和酸栗。

在树林里也可以找到树莓。它是一种丛生的灌木，如果你从一片树莓间走过，难免会碰断它干脆的茎，你的脚下会传来一阵"噼里啪啦"的声音。不过，你不用担心，这不会对树莓造成伤害。现在结出浆果的茎活到冬天就干枯了。

瞧，从它们的地下茎上，已有无数鲜嫩的枝条钻出来了。枝条毛茸茸的，上面还长着细刺。这是它们的下一代，等到明年，进入夏天后，就轮到它们开花结果了。

越橘也要成熟了，它也是一种小灌木。在灌木丛和草墩旁边，在伐木场的树墩旁边，枝条上挂的果子上，一面已经泛起了红色。茎梢上，成串儿的浆果长在一起，一堆儿一堆儿的。茎秆被这些浆果又大又多压得径直垂向地面，有的干脆直接和浆果一起躺在了苔藓上。

看着那一串串红艳艳、令人垂涎欲滴的浆果，真想挖一棵灌木，移栽到自己家里，培育一下，看看能不能结出更大的浆果。不过，如果不让它们自由地生长，很难培育成功。

越橘是一种受人喜爱的浆果，它可以保存整个冬天。吃的时候，用开水一冲，或是把它捣碎，美味的浆汁就流出来了。

为什么越橘不会腐烂呢？原来，它自身会产生一种名叫安息酸的防腐物质，使它能够长期保鲜。

特约通讯员　尼·巴甫洛娃

凶猛的花

一只蚊子，在森林的沼泽地上空飞过，飞着飞着，它有些累了，想停下来休息一下，喝点东西。

蚊子看到前面有一株草，绿色的茎，茎梢上长着白色的钟形小花。茎的周围长着一片一片圆圆的小叶子，呈紫红色，毛茸茸的，细毛上还闪烁着一颗颗晶亮的露珠，看上去非常诱人。

蚊子落在一片小叶子上，把嘴伸过去吸露珠。谁知露珠黏糊糊的，蚊子的嘴凑过去就被粘住了。

蚊子刚想挣扎，叶子上所有的毛毛都动了起来，像触手一样地伸过来，把蚊子牢牢捉住。圆圆的叶子合拢起来，绝望的蚊子被裹了个严实。

不大一会儿，叶片重新打开了，一只蚊子的空壳掉在了地上，原来，蚊子的血肉已被花儿消化了。

这株可怕的花，叫毛毡苔，它可以把虫子捉住并吃掉。

名师指津
这几段文字告诉了我们这种植物诱捕蚊子的过程和原理。谁能想到，植物也可以如此狡猾呢？

小䴙䴘学游泳

这一天，我打算到湖里游泳。走到湖边时，我看到䴙䴘一家正在湖中嬉戏。原来，䴙䴘宝宝们正在䴙䴘爸爸和䴙䴘妈妈带领下学习如何在水中躲闪呢！

大䴙䴘像只船一样，在水面上稳稳地向前飘浮。䴙䴘宝宝们已经学会潜水了，它们向下一钻就不见了。大矶凫急忙游过去，东张西望地寻找，调皮的小矶凫们在芦苇旁钻出了水面，然后它们一起游到郁郁葱葱的芦苇丛中去了。

目送它们远去后，我也开始游泳了。

森林通讯员　波波夫

奇特的果实

荷兰牦牛儿苗是长在菜园里的一种杂草，长得蓬松散乱、毛毛糙糙的，开出的紫红色小花也谈不上漂亮。可别看小草其貌不扬，它的果实却非常有趣。

现在，荷兰牦牛儿苗的一部分花已经谢了，每个凋谢的花托上都凸起一个鹳嘴状的东西。原来每个"鹳嘴"是五粒连在一起的种子，它们很容易掰开。

荷兰牦牛儿苗的种子上面有尖儿，下面毛茸茸的，像个小尾巴。尾巴尖弯曲着，像把割麦子用的镰刀，底下扭成螺旋状，而且，据说这个螺旋一受潮还会伸直。

我为了试验一下，把一颗种子夹在两手中间，哈上一口气。天呀，它真的转动起来了，芒刺弄得我手心直痒。果然，螺旋拧开来了，伸直了。

这种植物为什么会变这样的魔术呢？原来，它的种子脱落后，掉到地上，那个像镰刀似的小尾巴就会钩住小草。等天气潮湿的时候，螺旋旋转起来一下子变直，它那尖尖的小果实就一下子被旋进了泥土里。因为芒刺顶住了上面的泥土，所以种子牢牢地在土里待着，老实地生根发芽，别想再出来流浪。

这种植物是多么聪明呀！它们自身竟有播种"设备"。

在湿度计被发明出来之前，智慧的人们早就开始利用荷兰牻牛儿苗果实的变化来观测空气湿度了。

这种果实的小尾巴是多么地灵敏。人们把果实固定在一个地方，它们的小尾巴就如同湿度计上的"指针"，旋转着指明空气的湿度。

特约通讯员　尼·巴甫洛娃

请爱护森林

森林中要严防火灾。如果有闪电劈在森林里的枯树上，那可就坏了。如果有人在森林中散步时，不小心丢下一根没熄灭的火柴，或是离开时留下了仍燃烧着的篝火，那可要酿成大祸的。

名师指津

开宗明义，点明爱护森林的主题。

蹿动的火苗，像一条条细细的吞吐着信子的小蛇，从篝火中爬出来，偷偷钻进苔藓和常年堆积的干枯落叶中去。眨眼间，又从枯叶中露出头来，蜿蜒爬过灌木丛，奔着一堆枯树枝去了……

这是林火！一分一秒都不能耽搁，趁它还没有成气候，一定要及时扑灭它。这个时候，应该及时找你的朋友帮忙，快折断一些带叶子的青树枝，使劲儿地扑打火苗，别让它扩大转移。如果你手边有铁锹可以挖起泥土和一块块的草皮把火压灭。

当你看到火苗已爬上了树，一棵连着一棵燃烧起来的时候，这场林火就已经不可避免了。你要赶紧撒腿快跑，去叫人来救火！赶快敲响救火的警钟！

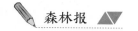

狩　猎

这个月份，鸟宝宝们还没长大，没有学会飞翔，猎人能打到什么呢？而且，法律是禁止在鸟兽的繁衍、哺育期间捕捉它们的。

不过，即使是在夏天，对于那些危害人类的野兽和专吃森林中小鸟小兽的猛禽，法律还是允许猎杀的。

来自黑夜的恐怖

夏天的夜晚，如果你走出房子，时而听到从密林深处传来几声"嚯嚯嚯"，又突然一阵"哈哈哈"。这个时候，你一定会心惊胆战，背上汗毛都快竖起来了。有时在黑暗中，谁在阁楼或屋顶上闷声闷气地大叫，仿佛在那里重复着："快走！快走！大祸临头！……"

突然，两盏圆圆的绿色的灯在黑夜中亮起来，发出邪恶的光。紧接着，一个突如其来的阴影从你的脸旁一闪而过。这样的场景，怎么不让人毛骨悚然呢？

制造这种恐怖氛围的是各种各样的猫头鹰，比如生活在树林里的鸮鸟，常在半夜三更发出刺耳的狂笑。栖息在屋顶的枭鸟，常发出一种尖锐的叫声，仿佛在一个劲儿招呼人们："一起走！一起走！"让人莫名地产生一种不祥之感。

就算是在大白天，当你走在树林里，突然从一个黑洞洞的树窟窿里探出一个脑袋，瞪着一双黄黄的滚圆的眼睛，它有钩子一样的尖嘴，还发出刺耳的响声，你也会十分恐惧的。

夜深人静的时候，家禽突然出现一阵骚乱。鸡、鸭、鹅

◆名师释疑◆

毛骨悚(sǒng)然：形容很害怕的样子。

一齐"咯咯""嘎嘎"叫成一片，等到第二天早上，主人发现小鸡少了，这十之八九就是鹗鸟或枭鸟干的了。

分清敌友

为了避免误杀，首先要学会分辨有益的猛禽和有害的猛禽。

那些专吃野鸟和家禽的猛禽是有害的，而那些专门消灭老鼠、田鼠、金花鼠、蚂蚱以及其他具有破坏力的啮齿动物的猛禽是有益的。

就拿鹗鸟与枭鸟来说，虽然它们的外表令人生畏，但它们都是益鸟。就算其中的害鸟——我们这里最大的大角枭和圆脑袋的大鹗鹰，也常常捕捉啮齿动物吃。

在白天出没的猛禽中，老鹰给人们带来的危害最大。老鹰非常容易识别，它们浑身长着灰色的羽毛，胸脯上有杂色的条纹。长着一只小脑袋，前额较低，淡黄色锐利的眼睛，圆圆的翅膀，尾巴很长。

老鹰是非常凶狠的，就算面对个头比它们大的动物，也敢于进攻。甚至在吃饱喝足之后，也会随意杀死别的鸟儿。

相比老鹰来说，鸢要弱得多。它们不敢扑向个头大的猎物，只会四下张望，趁机抓走一只笨头笨脑的小鸡，或是啄食腐烂的动物尸体。鸢的尾巴尖是分叉的，根据这个显著的特征，就可以很容易把它们分辨出来。

大隼也是一种有害的鸟，它们长着镰刀形状的尖翅膀。它们的飞行速度比其他鸟类都快，常常在高空猛扑向正在飞行的鸟类。这样的捕食方式可以避免扑空的时候撞到地上，撞破胸脯。

最好不要去惊扰那些小隼鹰，它们中有些是非常有益的。例如红隼，在田野的上空常常可以看到这种红褐的鸟，它们有时飞得不高，像有根无形的线把它们挂在空中似的。红隼扇动着翅膀，在空中向下望，不断搜寻着草丛里的老鼠和蝗虫。人们看红隼抖动翅膀的样子跟得了疟疾病一样，所以给它取了外号叫"疟子鬼"。

雕给人们带来的害处比益处多。

夏猎开禁了

进入7月底之后，猎人们就有点迫不及待了。此时的雏鸟已经长大了，可是政府还没有公布今年打猎开禁的日期。

过了几天，报上登出了公告——今年从8月6日起开禁，可以在树林里和沼泽上捕捉飞禽走兽。

好不容易盼到这一天了！猎人们早已把弹药装好，把猎枪擦了又擦。8月5日人们下班的时候，各个城市的火车站都挤满了背着猎枪、牵着猎狗的人们。

你可以看到各种各样的猎犬，短毛的和光毛的，尾巴又长又直，像根鞭子。它们有的白色带黄斑点，有的黄色或棕色带杂色斑点，有的白色却在眼睛、耳朵或其他部分长着大黑斑点的，还有的深咖啡色，浑身乌黑油亮、找不到杂毛。尾巴上的毛长得像柔软的细羽毛一样的谍犬，有白色带小黑斑点的，也有白色带大黑斑点的。那种长毛猎犬可真耀眼，它们有一身黄的，还有浑身火红色的。块头大的猎犬显得要笨拙一些，这里有只黑毛带黄色斑点的大猎犬，行动起来有些迟钝。还有一种矮小的猎犬，毛很长，腿却很短，长长的耳朵差不多快耷拉到地了，尾巴短短的，这是西班牙狗。

这些都是为了夏天猎捕飞禽走兽而饲养的猎犬。这些猎

名师指津

用颜色、形状来描写各种猎犬，场面壮观，铺垫一场规模浩大的狩猎即将开始。

犬灵敏的鼻子一旦嗅到飞禽的气味，就立即站住，一动不动，仰起头朝着猎物所在的方向，等着主人过去。

西班牙狗不会原地不动地指示方向，不过，如果在草丛里、芦苇里打野鸡或是在密林中打松鸡时，带上它们是非常方便的。不论猎物飞到哪儿，这种狗都会把它撵出来，一旦飞禽中了枪，落下来了，这种狗会跳过去寻找并迅速给主人衔回来。

猎人们大多数是乘火车到近郊去的，每个车厢里都可以看到他们。大家纷纷看向他们，看他们各种各样漂亮的猎犬，满车厢都能听到谈论野味、猎犬、猎枪以及打猎趣闻的声音。

8月6日晚上和7日早上向城里开的火车，又把那些"骄傲的乘客"载回来了。奇怪的是，许多猎人的脸上再也不见了去时的得意洋洋，显出一副垂头丧气的样子，背上的背包瘪得可怜。

这次轮到那些"普通的乘客"笑容满面地看着这些英雄们了。

"野味在哪里呀？"

"留在林子里呢。"

"飞到其他地方送死去了。"

就在这时，列车进入了一个小站，一个猎人上了车，乘客们立刻发出一片赞美的声音——他的背包里鼓鼓的，看来是满载而归了。这位猎人眼睛不与任何人对视，只顾找座位，大家忙腾出地方让他坐下。

这人也不客气，在一片啧啧称赞之中，大摇大摆地坐下来。紧挨着他的人眼尖心细，片刻就揭穿了他的老底。他高声说："咦？老兄，你的野味儿怎么都长着绿色的爪子呀？"说着毫不客气地把背包揭开了一角——里面一下子露出了云杉的树枝。

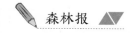

哎，这也太难为情了！

夏季第三月　结队远行

8月21日至9月20日

八月的盛装

8月，是闪光的月份。晚上，常常可以看到很远的夜空划过一道道闪电，无声无息地照亮天空又转瞬即逝。

草地换上了新的盛装，这是它夏季最后一件华丽的衣服。它身上的花儿大多是深颜色的，蓝色、紫色……衬着绿色的青草，显得五彩缤纷。日晒已不像之前那样强烈，草地享受日光浴的时间越来越短了。

蔬菜、水果等较大的果实也快要成熟了。一些晚熟的浆果，比如树莓、越橘等渐渐成熟，沼泽上的蔓越橘、树上结的山梨，眼看要熟透了。

在潮湿的地方，长出了些蘑菇，它们可不喜欢火辣辣的阳光，像一个个小老头儿一样躲在阴凉处。

一直在使劲长高长粗的树木，此时也停下来了。

名师指津
秋日盛装，色彩斑斓。

鸣禽家族的新规矩

树林中的小宝宝们都长大了，开始怀着好奇的心情，一心要到窝外面去看看广阔的世界。

春天的时候，鸟儿们与自己的爱侣住在一块固定的地盘上。可到了夏末，它们就要带上孩子们，在整个树林中飞舞了。于是，树林中的居民们，开始相互到别人的住地去"访问"。

此时的猛禽和猛兽也不再固守着自己猎食的地盘了，因为野味多的是，足够大家吃的。

貂、黄鼠狼、白鼬开始在整个树林中钻来钻去，它们容易捉到东西吃。因为一些缺乏经验的小兔子、笨头笨脑的雏鸟、麻痹大意的小老鼠会主动送到嘴边来。

鸣禽家族的成员们，一群群集合起来，在灌木和乔木之间漫游。

群有群的习俗，一般是这样的。

我为人人 人人为我

群体中，有谁发现了敌人，必定会首先发出尖叫或者尖哨，让大家迅速戒备起来，赶紧四散逃走。只要有一只鸟遇到危机，所有群体人员都会一齐飞起来，大声尖叫，把敌人吓得落荒而逃。

一个群体中，成百对眼睛，成百双耳朵，时刻在警惕着敌人。一只同类遇险时，成百只尖嘴一齐向敌人发起进攻，显然，加入鸟群的雏鸟会安全许多。

加入鸟群的雏鸟要遵守群体的纪律，同时，它们一举一

动都要模仿大鸟。大鸟们不紧不慢地啄麦粒，雏鸟也要啄麦粒；大鸟们仰起头来一动不动，雏鸟也要照着样子做；大鸟逃跑，雏鸟更不能傻站着，也要赶紧跟着逃。

一只山羊啃光一片树林

一只山羊啃光一片树林，这不是在开玩笑。

这只山羊是护林员买来的，他把山羊牵回了树林，拴在草地上的一根柱子上面。睡到半夜时，山羊挣断了绳子，逃跑了。

第二天清早，护林员发现羊不见了，心想：周围都是树木，它跑到哪儿去呢？幸好这一带没有狼出没。护林员找了它整整三天，没有发现它的影子。第四天，它竟自己跑回来了。"咩、咩、咩"地叫着，好像在说："你好，我又回来了！"

山羊失而复得，护林员很高兴。可到了晚上，邻近的一个护林员惊慌失措地跑来了，原来，这只山羊把他看护的那一片小树苗全都啃光了。小树苗还比较嫩，也比较娇气，牲口很容易欺负它们，稍一用力就可把它们连根拔起，大吃大嚼。

在林中乱跑的山羊碰到了细小的松树苗，它们像小棕榈一样，下面是一根纤细的小红柄，撑着软软的茂密的绿松叶，像一把把打开的小扇子，看上去太诱人了。山羊为什么没有啃大松树呢？它可不敢惹，因为大松树会把它刺得鲜血直流的。

森林通讯员　维利卡

草　莓

在森林的边上，草莓成熟了，透出惹人喜爱的红色。

鸟儿最会找成熟的果子，它们啄下红色的草莓果，衔着飞走了。草莓的种子会被鸟儿们散播到很远的地方去。也有一部分种子留在了原地，和它们的母亲生长在一起。

快来看，在这棵草莓旁边，长出了匍匐在地上的细细的茎，它们是草莓的藤蔓。它们从母体植株出发，向四面八方伸展着。在细茎的梢儿上，长出一簇丛生的小叶子和嫩嫩的根，这是一棵小小的新植株。其中的一株藤蔓上，有一簇嫩叶已经在地上扎了根。同根的另两簇嫩叶刚刚长出来，还没发育好。

如果想辨认出哪个是带着子女的老植株，可以在野草稀疏的地方找。你看这一棵，中间是母本植株，四围是它的孩子们，共围了三圈，每一圈有五棵。草莓就是这样一圈一圈地向外扩张的。

特约通讯员　尼·巴甫洛娃

狗熊被吓死了

一天，猎人到天黑后才走出森林，返回农庄。当他走到燕麦田边时，看到田里有个黑影在闪动。什么东西，难道是牲口跑到田里来捣乱？

猎人仔细一看，天呀！原来是只大狗熊。它正趴在麦地里，用两个前掌搂着一束燕麦的麦穗，有滋有味地吮吸呢。看来燕麦浆太合它的口味了，它一边吃还一边得意地直哼哼。

猎人想趁狗熊不备打它一枪，可他身边只带着一颗打鸟用的小型霰弹。不过，这位年轻的猎人非常勇敢，他想："管它打得死打不死，放一枪试！总不能让狗熊毁了集体农庄的麦田吧。不教训教训它，它是不会离开的。"

猎人悄悄装好霰弹，朝着狗熊开了一枪。正吃得起劲儿的狗熊，突然听耳朵边上"砰"的一声响，吓得它一下蹦了起来，朝着麦田边上的一丛灌木蹿了进去。慌乱中狗熊摔了个大跟头，翻倒在地上，它忙爬起来，拼命向森林深处跑去。

猎人见狗熊竟然这么胆小，觉得非常好笑。见它向林子里跑去了，猎人就回家了。第二天清晨，猎人想："昨晚田里的燕麦被狗熊毁了多少？我得去看看。"于是，他来到了昨天那个地方察看，只见有许多熊粪的痕迹，断断续续一直通向森林里，原来昨晚狗熊被吓得拉肚子了。

猎人顺着痕迹找了过去，看见狗熊躺在地上，一动不动，它已经死了。看来，这个号称森林中最强大、最可怕的野兽，是在毫无防备的情况下受了惊，活活被吓死的。

名师指津

纵使强悍的熊，倘若毫无准备，也会吓破胆，这就是有备无患的道理。

食用菌类

一场雨过后，蘑菇长出来了。

长在松林里的白蘑菇又厚实、又肥大。它们长着深栗色的帽儿，身上散发着一种沁人心脾的香味儿。

油蕈长在树林道路两旁的低矮的草丛中，有时在车辙里也可以发现它们的身影。油蕈刚出土时，嫩嫩的，像个小绒球，十分可爱。漂亮的油蕈表面总是黏糊糊的，因此总会有枯树叶、细草秆之类的粘在它们上面。

瞧，松林中的草地上，长着棕红色的蘑菇，绿草上托着火红色，人们老远就能看见。这种蘑菇有许多，大的能跟小碟子差不多，蘑菇头上顶的小帽子被虫子咬了好几个洞，泛着绿色；中等个儿的——和硬币大小差不多的，最为肥硕厚实，它们的帽儿中间向下陷，边儿向上卷起。

云杉林里也有许多蘑菇，这里同样长着白蘑菇和油蕈，品种却与松林中的不同。白蘑菇的帽儿有些发黄，柄更细、更长。油蕈就更不同了，它们的帽儿不是棕红的，而是绿得发蓝，并带有一圈一圈的花纹，仿佛树桩上的年轮。

白桦树和白杨树下，也长着各种各样的蘑菇，它们统称白桦蕈和白杨蕈。白桦蕈一般不喜欢白桦树，会在离它们很远的地方生长。而白杨蕈却要赖着白杨树，它们只能长在白杨树的根上。

白杨蕈的菇帽儿和柄都像雕琢过的一样，婀娜多态，端庄大方，样子很好看。

特约通讯员　尼·巴甫洛娃

名师**指津**

精细手法，工笔画一样精雕细刻，足见作者细致观察的态度。

毒蘑菇

下过雨之后，除了可食用的菌类，还会长出不少毒蘑菇。可食用的蘑菇大多数是白色的，但是，毒蘑菇也有这种颜色，所以一定要细心辨别区分。

这种白色的毒蘑菇毒性最大，吃下一小块，比被毒蛇咬一口还可怕。它可以让人中毒身亡，误食了这种毒蘑菇后，很少有人能恢复健康。

幸好，白色的毒蘑菇不难识别。它有一个与所有可食用的蘑菇不同的特点——柄好像是插在细颈的花瓶中一样。就

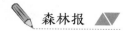

算样子与这种毒白蕈相似的香蕈，通过辨别柄的样子，也可以很快区分出来。

毒白蕈与毒蝇蕈极像，有人就管它叫白毒蝇蕈。如果用铅笔把它画在纸上，人们一定认不出到底是哪一种。两种蘑菇一样，帽儿上都有白色的碎片，柄上像围着一条小领子似的。

还有两种毒性很大的蘑菇，人们一不小心就会把它们当成可食用的白蘑菇。它们是胆蕈和鬼蕈。

这两种蘑菇和白蕈的不同之处在于，它们的帽儿下面是粉红色甚至是红色的，而白蕈的是白色或浅黄色的。而且，如果把白蕈的帽儿揉碎看，仍是白色的；而把这两种蘑菇揉碎，它们开始颜色变红，随后就会变黑。

名师指津
分类别说明，不厌其烦，足见作者的社会责任意识之强。

白色的野鸭

湖中央降落了一群野鸭。

我从岸上看着它们，这是一群长着夏季羽毛的纯灰色野鸭，令人惊讶的是，它们里面竟有一只浅色的野鸭，从远处一眼就能看到它。

我拿起望远镜，仔细观察它。它与别的野鸭在其他地方没有任何区别，只是它浑身都是奶油色的。一会儿，云开日出，阳光洒到湖面上，这只野鸭看上去变得雪白雪白的，在一群深灰色的同类之中，简直白得有些晃眼。

我打了50年猎，还是头一回看到这种纯白色的野鸭呢。它一定是患了色素缺乏症，一般得了这种病的鸟兽，血液中色素不足，它们一出生，要么浑身雪白，要么颜色很淡，而且一辈子不会改变。自然界中，动物的保护色是关乎它们的

名师指津
既有科学的解释，又有深深的担忧。可亲可敬，近人情而执着于科学。

性命安危，患病的鸟兽没有了保护色，处境可想而知。

这只野鸭非常少见，它能躲避猛禽的利爪存活下来，简直是个奇迹。我很想打到它，可现在却不行。这群野鸭选择在湖中央休息，就是防止有人走近它们。渴望打到它却又不能靠近，这让我心神不宁起来。没办法，只好等待时机，什么时候能在岸边遇上它。

没想到，机会很快就来了。

一天，我正在湖边窄窄的水湾处走着，突然，草丛中飞出几只野鸭，那只白野鸭正在其中。我抬手就是一枪，但枪响的一刹那，白野鸭被一只灰野鸭挡住了。中弹的灰野鸭掉了下来，而白野鸭却和其他几只一齐飞走了。

是有意的庇护还是个偶然呢？我想，毫无疑问，是个偶然。其实，仅仅是这个夏天，我曾经多次看到过这只白色的野鸭。它或是在湖中心漫步，或是在水湾处嬉戏。而且，它几乎从不落单，身边总有像保镖一样的灰野鸭陪伴着。好几次，我的霰弹都打在了灰野鸭身上，而我想得到的白野鸭却在同类的保护下安然脱险。

我的这件奇遇，就发生在诺甫戈罗德省和加里宁省交界处的皮洛斯湖上。

维·比安基

狩　猎

找准时机打野鸭

猎人们发现了一个规律：小野鸭学会飞行之后，所有的野鸭都会结群飞行。一整天里，它们会飞行两次。白天，它们会飞进芦苇丛中去睡觉。等到太阳落山时，它们又会从芦苇丛中飞走。

此时，猎人已经在田地里等候着，他知道它们会来这里。他躲在岸边的灌木丛中，面向湖水，遥看着天边的落日。

在太阳落山的西边，霞光染红了天空。在明亮晚霞的映衬下，那群野鸭的身影更加明显。它们正朝着猎人的方向飞过来，在这个位置打下它们很方便。猎人只要突然之间对准它们开枪，肯定能打中好多只。他接连开了好几枪，天黑了才停手。

晚上，野鸭会在麦田里寻找食物。等到早晨，它们又会飞回芦苇丛中。猎人找准这个时机，埋伏在它们的必经之路。他现在面向东方，背朝水，静静地等待野鸭的到来。

成群结队的野鸭，正朝着他的方向飞来。

名师指津

通过夕阳的描写，让人感受到黄昏的心旷神怡。

名 师 赏 析

夏天吩咐稞麦要鞠躬，而且要深深地鞠到地上；命令燕麦穿上长衫，却连衬衣也不让荞麦穿。绿色植物通过吸收阳光来让自己生长。稞麦和小麦已经是一片金色的海洋了，我们把它们储藏起来，就够吃一年了。我们还要储藏牲畜的口粮：青草已经割倒了，堆成一座座干草垛。鸟儿开始沉默起来，因为它们已经没时间唱歌了，所有的鸟巢中都有鸟儿宝宝了。它们刚出生时，不长毛，浑身光溜溜的，眼睛也没有睁开，需要父母长时间的照顾。现在，地上、水里、森林里甚至空中，到处都是小鸟的食物，很充足，够大家吃的。夏天的繁盛景象，让我们神往，小动物们纷纷在夏天开始忙碌，我们也在夏天中辛勤耕耘，争取来年有更好的收获！

作者满含对自然的激情，塑造了一幅饱含自然活力的画卷，无论体态硕大的熊，还是微不足道的蜉蝣，也不论天上的飞鸟，还是水中的鱼儿，每种生灵都以它们独有的状态休憩，繁衍着，一代一代传承着它们的辉煌。生活在森林中的动物是多么幸福，而生活在林地边缘的人们又是多么幸运，因为他们能够时时刻刻追踪着四季的脚步，聆听大自然的声音，与森林为友，与鸟兽为伴。

学习借鉴

好词

来去自如　咬牙切齿　安安心心　无边无际

铜墙铁壁　忽冷忽热　躁动不安　脱口而出

垂涎欲滴　郁郁葱葱

好句

＊成熟的稞麦和小麦犹如一片金色的海洋，稞麦行着鞠躬礼，头深深地向下垂着。

＊等天气潮湿的时候，螺旋旋转起来一下子变直，它那尖尖的小果实就一下子被旋进了泥土里。

思考与练习

　　用煤油消灭孑孓的原理是什么？写出符合此原理的其他灭蚊方法。

秋

名师导读

九月——乌云密布，狂风怒号。天空中经常乌云密布，风刮得越来越厉害。秋天的第一个月份走近了。像春天一样，秋天也有一份自己的工作日程表。只是，秋天是从空中开始的——和春天正相反。高高地长在头顶的树叶，正一点一点地改变颜色——变黄，变红，变褐。叶子一见阳光不够，就立刻开始枯萎，很快就失去了碧绿的颜色。在树枝上长着叶柄的地方，形成一个颓败的圆环。甚至在无风的寂静的日子里，我们会突然看见，一片片黄色的桦叶和红色的白杨树叶在空中轻轻地飘来飘去，无声地在地面上滑过。让我们跟随接下来的文章，一起了解秋天的故事吧！

秋季第一月　候鸟离乡

9月21日至10月20日

进入秋季

9月是秋季的第一个月。在这个月，天空的乌云逐渐变多，风速也逐渐变大。

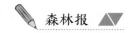

跟春天一样，秋天也有自己的工作安排。跟春天不同的是，秋天从空中开始工作。树顶上叶子的颜色发生了变化：变黄，变红，变褐。没有了充足的阳光，树叶就会枯萎，最终会失去原本鲜绿的颜色。树枝上长有叶柄的地方，会显现出一个圆环，这是衰老的迹象。当叶子枯萎后，即使没有刮风，也会自然脱落。这个季节，当你走进树林，你会看见各种的树叶：黄色的桦树叶，红色的白杨树叶。有的散落在地上，有的划过天空，飘落在地面上。

早晨，你会看见白霜出现在青草上。于是你不由地感叹：秋天开始了！因为第一次下霜，总是发生在黎明前。因此，我们可以确切地说，从这一夜开始，秋天正式开始了。地面上聚集了越来越多的枯叶，直到最后西风的到来，脱掉了森林的全套夏装。

雨燕不见了。家燕也在计划着离开。它召集了所有夏天来这儿的候鸟，集结成群，在夜里悄悄地飞走了，开始了它们新的旅程。这里的水温变得越来越低，已经很少有人愿意去河里洗澡了。

森林里的所有居民都在做冬天的准备。它们将自己裹严实、穿暖和，躲了起来，等待第二年春天的到来。

夏季结束了。

候鸟成群离开的时候到了。

现在，我们编辑部收到了一封封来自森林的电报，那里每天都有大事发生，每天都有新闻。在那里，候鸟开始了新一轮的搬家。与春天不同的是，这次，它们由北方搬到南方。

秋季就这样拉开了帷幕。

来自森林的电讯（第四封）

这儿的鸣禽飞走了，现在已经见不到它们那<u>五彩斑斓</u>的身影了。它们选择在半夜里飞走，所以我们无从知道它们飞走的情况。

鸟儿们之所以选择半夜出发，是考虑到安全问题。因为它们可能会在路上遇到<u>游隼</u>、老鹰和其他猛禽。黑夜中，这些猛禽不会袭击它们，而且即使是在夜晚，这些鸣禽也能认得去南方的路。

野鸭、潜鸭、大雁、鸥等水禽也开始了长途旅行。它们有翅膀，常常会选择曾经歇过脚的地方休息。森林里的树叶变黄了。兔妈妈生了今年最后一窝兔宝宝，一共有六只，我们叫它们落叶兔。

别离歌

白桦树的叶子快要落光了。在光秃秃的树干上，一个鸟巢孤零零地在那儿摇晃着。这是一个被遗弃了很久的椋鸟巢。

突然，两只椋鸟飞到了这棵树上。雌椋鸟钻进了鸟巢，开始忙活着什么。而雄椋鸟立在枝头，看了看四周，然后唱起了歌儿。但是声音很小，小到只有它自己能够听见。

歌声刚落，雌椋鸟就从巢里飞向了鸟群，雄椋鸟也跟着它飞走了。可能就在这两天，它们也将去远行。

夏天，在这所小房子里，它们孵出了小鸟，现在是来道别的。

◈名师释疑◈

五彩斑斓：形容颜色多，色彩错杂灿烂，且耀眼。

游隼：隼属最大的一种，又名花梨鹰、鸭虎、鸽虎，是生活在北美洲的昼行性中型猛禽。

名师指津

用中国画大写意的手法，勾勒出秋日凄清的景象。

这儿是它们的家，它们不会忘记的。明年春天，它们还会回来的。

秋天里的蘑菇

现在，森林里看上去真是满目凄凉！到处都是光秃秃、湿乎乎的，充斥着一股树叶潮湿后霉烂的气味。在这里，洋口蘑的出现是唯一让人感到欣慰和欢喜的事情。它们喜欢群居，一堆堆地聚集在树墩和树干上。也有个别像是离群寡居的独行侠，零星散落在地面上。

这些洋口蘑不仅让人看着赏心悦目，采摘起来也让人心情舒畅。人们一般会采摘那些好的、没有开伞的菌盖，不一会儿就能摘满一小篮。

这些小小的洋口蘑很是漂亮呢！现在，它们的菌盖还没打开，收拢得很紧，看起来很像小孩子头戴没有帽檐的小帽子，脖子里围着白色的小围巾。很快，一旦菌盖打开，无檐小帽子会变成帽檐微翘的礼帽，围巾也会随之发生改变，成为衣领。

烟丝状的小鳞片铺满了洋口蘑的伞盖。这种小鳞片是什么颜色呢？这还真不太好说。简单来说是一种淡淡的褐色，给人一种非常舒服、平和的感觉。菌帽的下面是菌褶。菌褶的颜色略有区别，白色的是年轻的洋口蘑，呈现出浅黄色的是年老的洋口蘑。

不知道你是否曾经注意到这种情况：当老的菌盖位于年轻的菌盖上方时，年轻的菌盖看上去像是涂抹了一层粉。难道是年轻的洋口蘑发霉了？但只要你想一想，就会意识道："啊，是那些小孢子！"没错，这些粉状物就是从年老的菌

名师指津
从神态、形状两方面准确地描写洋口蘑，运用比喻修辞，形象而生动。

名师指津
运用颜色描写，准确地写实年轻的和年老的洋口蘑的区别。

帽里脱落的孢子。

假如想让洋口蘑成为盘中美餐，那么它们的所有特征你都必须非常熟悉。在市场上，把有毒的菌类误认为洋口蘑的事情时有发生。这种有毒的菌类长相和洋口蘑差不多，而且同样生长在树墩子上。但是，有毒的蘑菇的菌盖表面上没有烟丝状的小鳞片。菌盖的颜色也不同于洋口蘑的淡褐色，呈现出的多半是黄色、粉色之类鲜艳的颜色。菌盖下没有领子，菌褶的颜色有黄有绿。另外，这类毒蘑菇的孢子都是乌黑色的，这点与洋口蘑完全不同。

特约通讯员　尼·巴甫洛娃

名师指津
对比说明有毒菌和洋口蘑的区别，体现出作者严谨求实的科学精神。

各自上路

在这个月的每个夜晚，我们那些长着翅膀的朋友们会一批批地离开，开始它们漫长的旅程。不过，它们似乎并不愿意那么急着离开自己的家乡。你看，它们的飞行是那么悠闲，还时常停下来休息。这与它们在春天急匆匆飞回来时的状态可是截然不同呢！

不仅如此，鸟儿们离开的顺序也发生了变化，刚好和春天时的情形相反。春天时，最先飞回来的是燕雀、百灵鸟以及鸥鸟，此时却是最后一批踏上旅途。最先离开的是那些身穿鲜艳外衣的鸟儿们。通常情况下，最先离开的是鸟群里年龄比较小的。雌燕雀会比雄燕雀早出发。可以说，鸟群中最后离开的多半是那些身体比较强壮的鸟儿们。

南方是大多数鸟儿此次旅途的终点。它们有的飞往法国、意大利、西班牙，有的飞往地中海或是非洲。还有一部分鸟

名师指津
严谨的物候学知识的运用，值得我们学习的是：认真细致地观察是做学问必不可少的一种能力和态度。

儿则是向东行进。它们一路向东，经过乌拉尔、西伯利亚，抵达印度。还有一些鸟儿甚至一口气飞到了美国。在它们的脚下，几千公里的路程就这样一闪而过。

等待帮手

树木和小草们都正忙着为自己的后代做好未来的安排。成对的翅果静静地挂在槭树的树枝上。它们准备好了，身上的裂缝已经长出，只等清风吹来，带着它们出发，飘落四处。

等待清风出现的还有小草们。一串串蚕丝般灰色的茸毛从高高长茎上的花盘里探了出来，看起来颇为华丽；香蒲的顶端披了件褐色"皮袄"，它拼命拔高自己的身体，甚至超过了沼泽里的青草；山柳菊长出的小毛球也已经整装待发，只等清风的帮忙，在风和日丽时搭乘出行。

此外，还有很多小草为自己的果实配置了各种各样的绒毛，有长有短，有的样子很普通，有的样子看起来很像羽毛。

还有一些植物也在等待帮手。不过不是风，而是从自己身边经过的动物或是人。这样的植物常常生长在秋收过后的田地里，或是道路、水沟旁边。牛蒡带有棱角的种子塞满了花盘。干燥的花盘随时准备用身上的刺钩住来往的动物和行人；黑黑的金盏花果实，喜欢用自己三角形身体的一角戳行人的袜子；猪殃殃，又被叫作锯锯草。它的果实圆圆的，个头很小。行人的衣衫是这些果实的目标。一旦沾上，人们只能用毛绒才能把这些调皮的小圆球从自己的身上擦掉。

尼·巴普洛娃

名师指津

特写镜头，拟人、排比、比喻修辞形神兼备地描写出一幅幅秋日静好的景象，恬静而美好。

名师指津

丰富多彩的语言描写出植物播撒种子的另外一种方式：借助人或动物。

来自森林的电讯（第五封）

在海岸附近，我们找了一个地方埋伏着，悄悄地进行观察。我们想看看谁是海湾沿岸淤泥地上那些小十字和小点子印记的主人。

啊，原来是滨鹬。

滨鹬们的餐馆就设在海湾内布满淤泥的地方，这里是它们休息、进食的最佳场所。它们非常喜欢迈着长长的双腿，在柔软的淤泥上散步。一串串三个分的很开的脚印儿就这样留了下来。淤泥里的小虫子是它们美味的早餐。在需要进食的时候，它们把自己长长的嘴巴直接插入淤泥中寻找食物。淤泥上一个个的小点子就是这样留下来的。

我们还捕捉到了一只鹳。整个夏天，它都在我们家的房顶上居住。捕捉到它后，我们把一个金属环套在它的脚脖上。金属环是铝制的，质量很轻，上面还刻有 Moskwa，Ornitolog.KomitetA.NO.195（莫斯科，鸟类研究委员会，A组第 195 号）一行字。最终，这只鹳被我们放走了。它离开的时候，脚脖上依然戴着那个金属环。假如在这只鹳的越冬地，它再次被人捉到，那么我们将通过报纸得知我们这里的鹳会在哪里过冬。

森林里，树叶的颜色已经完全发生了变化，并且开始脱落。

本报特约通讯员

◣名师释疑◢

滨鹬：小型涉禽。嘴细尖，先端稍阔，具丰富、敏感的探测细胞，可感知泥土中的食物。

名师指津

和上文的悬念"小十字"呼应，使行文结构严密。

名师指津

交代保护动物的方法，切实实现保护生态敬畏生命这一主题。

城市简讯

野蛮的袭击

列宁格勒，伊萨基耶甫斯基广场。光天化日、众目睽睽之下，一场野蛮的袭击正在广场上空上演。

广场上，一群鸽子刚刚起飞。与此同时，一只大隼突然从伊萨基耶甫斯基大寺院的圆屋顶上冲下来。靠边的那只鸽子是它强势袭击的目标。霎时间，空中只留下一大堆四下飘散的绒毛。

名师指津

逼真的场景描写，交代生物链的中弱肉强食的自然法则。

其余的鸽子们被这突如其来的袭击吓坏了，纷纷夺路而逃。附近一栋大房子的屋顶下成为了它们的临时避难所。而此时，旗开得胜的大隼正吃力地往大教堂的圆屋顶上飞。它的脚紧紧抓着自己的战利品——那只被它啄死的鸽子。

通常在这个季节，捕杀猎物的大隼都会经过这座城市的上空。它们是长着翅膀的强盗。教堂的圆屋顶和钟楼是它们最喜欢的居住地，因为从那里方便对猎物进行侦查。

黑夜里的骚扰

每天夜里，住在城郊的人们常常会被闹哄哄的声音吵醒。

人们听见从院子里传来的嘈杂声，立马从床上起身查看究竟。怎么啦？发生了什么事？

院子里，家禽们正扑扇着翅膀，不安生地乱叫着："咯咯"叫的是鹅，"嘎嘎"闹着的是鸭子。难道院子里钻进了黄鼠狼或是狐狸？

这绝对不可能啊！院子有高高的石头围墙，安装的又是铁门。纵使黄鼠狼和狐狸的本领再大，它们如何进得来呢？

被吵醒的人们细心地检查了一遍院子，还特意检查了家禽的栅栏，没有任何异常。毕竟，有锁和门闩的把守，想要进到院子里可并非易事。现在，院子里除了已经安静下来的家禽，什么也没有。或许它们只不过是被噩梦惊醒也说不定。

白担心一场的人们安心地回到床上重新进入了梦乡。

但是，仅仅过了一个钟头，院子里又闹腾起来了。家禽们扑腾得更厉害了。又怎么了？这次又是因为什么？

打开窗户，竖起耳朵去听吧！答案很快就会揭晓。

外面黑黢黢的夜空上，点缀着点点金黄的星光。大地上安静极了。

可是，天上的星光突然被什么东西遮住了。那是一道断断续续的影子，由一个接着一个的黑影组成。正从屋顶的上空飘过，洒下了一阵渺远的、时断时续的鸣声。一种无法听清的声音在高高的夜空里奏起了乐曲。

家禽就是在那个瞬间醒来的。这是一群早已将自由抛在脑后的豢养动物。这会儿，它们身体里的某根神经仿佛被唤醒了。它们在家禽栏里伸长了脖子，扇动着翅膀，踮起脚掌做出飞翔的姿势。它们的叫声是那么的悲伤凄凉。

夜空中的黑影正是它们自由的野生姊妹们。高空洒下的微弱鸣叫是对它们的召唤。

这个季节一群又一群的候鸟们，接连不断地经过这些石头房子和铁屋顶。野鸭扇动翅膀的声音，大雁和雪雁发出的雁鸣，在对家禽栏里的鸭鹅们发出邀请：

"咯！咯！咯！来吧，加入我们。离开这寒冷的地方，去食物充足的温暖远方吧！一起出发！一起走吧！"

◆名师释疑◆

黑 (hēi) 黢 (qū) 黢：非常黑。亦说"黑漆漆"。

名师指津
大写意渲染大隼凶悍的气势，先声夺人的笔法。

名师指津
寓言式的情节，欧亨利式的结尾，惊醒我们只有奋力前行才有辽阔的天空。

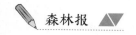

高空的"咯咯"声慢慢地听不见了。那些已经不会飞了的家禽们，却仍在石头院子里不甘心地扑腾着。

来自森林的电讯（第六封）

有些灌木飘落下的叶子，像是被刀干脆利落地削下来的。树林里飘零的树叶像雨水一样洋洋洒洒地落了下来。

蝴蝶、苍蝇和甲虫都在忙着寻找藏身之所。

候鸟们行迹匆忙地飞越一片又一片的丛林，它们已经很饿了。

但是在饥饿的候鸟中，鸫鸟是个例外。它们已经发现了一些熟透的山梨，正成群结队地向那里飞去。

每当寒风光临光秃秃的森林时，都会咆哮着拉响森林里的警笛。而森林的歌唱家们——鸟儿，谢绝了继续演唱的倡议。

本报特约通讯员

名师释疑

鸫鸟：是中小型鸣禽，叫声清脆，体型和生活方式有一定差异，多在地面栖息，善于奔跑，但也善于飞行及树栖，嘴短健，上嘴前端有缺刻或小钩，善于鸣叫。

躲的躲 藏的藏

天一天天地变冷了……

可爱的夏天已经消失得无影无踪……

血像是被冻住，行动也变得迟缓。瞌睡虫来得更勤了。

现在，在池塘住了一整个夏天的蝾螈拖着它的尾巴爬了出来。它慢慢地向树林爬去。森林里腐烂的树墩是它的目的地。它钻进树皮，蜷缩在里面。树根底下躲着的多是蛇和蜥蜴。那里布满的青苔将在寒冷的冬天给它们提供温暖。

青蛙和蝾螈相反，它们从岸上跳到了池塘里，往下沉，一直钻到池底的淤泥深处。鱼儿们也为自己找好了过冬的住所。河川的深水区和水底的深坑里，满满的都是它们。

蝴蝶、苍蝇、蚊虫和甲虫之类的小动物，把自己藏在树皮里或是墙壁的裂缝里安然生活。蚂蚁已经把它们蚁穴100个出入口的大门都紧紧堵上了。它们爬到蚁穴的最深处。在那里，它们紧紧地抱成一团，静静地进入梦乡。

从天上看秋天

从天空俯瞰我们广博的祖国一定是一件非常美妙的事情！

可是，就算是在秋天乘热气球远远越过森林，超过白云，一直升到离地面30公里的高空，又恰巧碰上晴空万里，没有云挡住视线，视野足够开阔，我们还是无法看到祖国的边缘。

从高处向下俯瞰的时候，感觉我们的大地像是在移动。不，是有什么东西正在掠过森林、草原和海洋……

定睛一看，是数不胜数的鸟群。

它们正在告别家乡，向温暖的远方进发。

但是，有一部分鸟儿选择留下来。麻雀、鸽子、寒鸦、灰雀、黄雀、山雀、啄木鸟和其他一些小鸟选择了留守。除了鹌鹑，其余的野雉都没有飞走，它们依然驻扎在森林里。大部分的鸟儿都飞到远方过冬，对老鹰和猫头鹰来说，这意味着这里的冬天并没有多少东西可以供它们消遣。

候鸟在夏末开始启程。最先走的，来年春天最后回来。候鸟的迁徙一直到河水结冰才告一段落。最后飞走的一批候鸟是秃鼻乌鸦、云雀、栋鸟、野鸭、鸥，但它们是明年春天

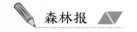
最先回来的。

鸟儿往哪儿飞

一般人都以为所有的鸟儿都是自北往南飞到自己的越冬地，但事实并不是这样。

不同种类的鸟，出发的时间也不相同。夜里相对来说比较安全，鸟儿几乎都选择在夜里飞行。不同的鸟儿，旅行的方向也不同。大部分鸟儿从北往南，有些鸟儿从东往西，还有一些鸟儿从西往东。我们这里还有些鸟儿却要飞到北方去过冬！

特约通讯员们通过无线电报和无线电广播向我们讲诉鸟儿们的飞行方向和身体状况。

从西往东

红色的朱雀在鸟群里"喊，侬！喊，侬！"地交谈着。8月份的时候，它们从波罗的海边、列宁格勒省区和诺甫戈罗德省区出发，开始长途跋涉。不需要赶紧回到故乡筑巢，也没有雏鸟等着哺育，况且所经之处食物充足，它们在尽情享受着漫长的旅程。

它们已经飞过伏尔加河、乌拉尔一座低矮的山岭。它们来到了西伯利亚西部的巴拉巴草原。它们一路往东，一直迎着太阳飞去。它们掠过了巴拉巴草原上一片又一片的桦树林。

它们最大限度地选择在白天休息，在夜里前行。鸟儿们成群结队，在飞行中保持高度的警惕，但依然避不开厄运。稍微一个疏忽，就会有同伴被鹰捉去。在西伯利亚，雀鹰、燕隼、灰背串隼之类的猛禽非常多。它们飞行的速度非常快！不计其数的候鸟在迁徙的途中沦为它们的盘中餐。不过，夜里飞行还是相对安全一些的。因为候鸟的宿敌——猫头鹰更多地在白天出没。

沙雀们要飞过阿尔泰山脉和蒙古沙漠，一直飞到它们的越冬地——印度。所以，它们在西伯利亚拐弯了。在这危机四伏的旅程中，总会有很多的鸟儿丧生。

从东往西

夏天的澳涅加湖上，会诞生大群乌云般的野鸭和白云般的鸥。秋天，这些乌云和白云就会向日落的方向飞去。让我们乘坐飞机，跟随这群野鸭和鸥，一起飞向西方。

不一会儿，一阵刺耳的啸声响起。之后，水的泼溅声、翅膀的扑棱声、野鸭的叫声、鸥的呐喊声接连响起。

原来，林中的湖泊里本来休息着一些针尾鸭和鸥。后来一只游隼路过这里，向这些野鸭和鸥发起了攻击。它尖啸着冲到野鸭群的上空，用自己锋利得如同尖刀的爪子，向一只野鸭的脖子上抓了过去。

那只野鸭的脖子立即垂了下来，开始向湖中摔落。游隼的动作极为迅速，它立即转身，在野鸭掉落湖中之前，就一把抓住了它。接着，这只游隼用钢铁般的嘴在野鸭的后脑上啄了一下，就把它带走当午饭享用了。

对野鸭群来说，这只游隼就像瘟神。从奥涅加湖开始，到列宁格勒、芬兰湾、拉脱维亚……这只游隼一路和野鸭们同行。它肚子鼓鼓的时候，就蹲在岩石或树上，漠不关心地看着在水面上飞翔的野鸭和鸥。看着它们在水中戏耍，看着它们起飞，看着它们成群结队飞向太阳降落的地方。但是，

名师指津

为生存而战的大自然，作者用纤细入微的语言描写了一幅血淋淋的场景，让读者身临其境！

等到游隼的肚子饿了，它就会立即赶上野鸭群，用它那锋利的爪子，抓一只鸭子来填饱自己的五脏庙。

这只游隼就这样一直跟着野鸭群。沿着波罗的海岸、北海岸飞行，最后飞过不列颠岛。到了那里，这个瘟神才终于不再纠缠它们了。

这群野鸭和鸥打算留在这里过冬，而游隼可能会跟着其他野鸭群，穿过法国、意大利、地中海，飞往炎热的非洲。

狩　猎

受了骗的琴鸡

琴鸡在秋天的时候，会成群结队地在一起。群里成员很多，有硬翅膀的黑色雄琴鸡，浅棕黄色带斑点的雌琴鸡。

琴鸡飞到浆果树丛里，闹哄哄一片。它们在地上分散开来，各自觅食：它们用爪子翻开草皮，去啄碎石和细沙。因为碎石那么硬，能帮助消化嗉囊和胃里较硬的食物。除此之外，有的琴鸡会去啄坚硬的红越橘吃。

这时，在干枯的落叶堆上，不知道是谁，发出了匆忙的脚步声，那声音沙沙作响。

琴鸡们纷纷抬起头来，一阵警觉。

啊！是只北极犬！它竖着尖尖的耳朵，飞快地穿过树丛，向这边跑来了。它在浆果树丛里一顿乱闯，吓得琴鸡们有的往草堆里躲，有的往树枝上扑腾。

最终，它朝躲在树上的一只琴鸡汪汪大叫起来，眼睛瞪得圆圆的。对此，琴鸡也不甘示弱，同样瞪眼瞅着它。

悬念手法，引起读者的阅读兴趣和好奇心。

动作神态描写，可谓栩栩如生，形神兼备。

过了一会儿，琴鸡的肚子咕咕地叫了起来。它实在是饿了，真想飞下去啄果子吃。可是现在，它只能无聊地在树上走来走去，不时回头看一看北极犬。它心里想：这只狗怎么还不走？真讨厌！肚子饿死了……

当琴鸡再次回头往北极犬瞧时，偷偷走过来的猎人，把猎枪瞄准了它。"砰"的一声，琴鸡就这样被夺走了生命，从树上掉了下来。躲在四周的琴鸡被吓坏了，它们拼命地往森林上空扇着翅膀，飞过了林中的空地和小树，想离猎人更远一点。它们害怕极了，不知道该往哪儿藏身。要是下面也藏着猎人该怎么办？

在飞过光秃秃的白桦林时，它们看到树顶蹲着三只黑琴鸡。看到这几个伙伴惬意的神情，琴鸡群也跟着安安心心地落在了白桦树上。在一片降落声中，琴鸡群心想：这下总算安全了吧。咦，奇怪！为什么那三只琴鸡连看都不看新来的琴鸡群一眼呢？它们明明跟琴鸡群一样——长着黑黑的身体，鲜红的眉毛，尾巴分叉，还有一对长着白斑的翅膀，乌黑的小眼睛亮晶晶的。

"砰！砰！"随着响声，两只新来的琴鸡从树上掉了下去，树顶上随即升起了一阵烟雾，轻轻地飘散着。琴鸡群转着脑袋打量着周围，树下面一个人也没有；它们再瞧瞧那三只琴鸡，那三个家伙依然像刚才那样，一动不动的。于是，琴鸡群又安心地待了下来。

"砰！砰！"又是两声。一只琴鸡向树顶上蹿了几下，可是马上又摔了下来；另外一只雄琴鸡，受到了致命的一击，从高空重重地往地面摔去。在这过程中，琴鸡群惊恐地四散逃走了。只有原来那三只琴鸡，依然一动不动地待在树顶上。

这时，从一间隐蔽的棚子里，走出来一个带枪的猎人。

名师指津
心理描写，妙趣横生而又自然熨帖。

他捡起猎物，挂好枪，爬到白桦树上。他从那三只琴鸡中，拿下一只；又爬到另外一棵树上拿下其他的两只。三只琴鸡的黑眼睛，依然沉思地凝视着一个方向——原来它们是猎人特意制作出来，用作打猎的工具——它们的黑眼睛，是小黑玻璃珠子做的；身体是用黑绒布块做的；只有嘴和尾巴，是真正的琴鸡嘴和真正的羽毛。

在远处，那些魂飞魄散的琴鸡，正在飞过一座森林。它们怀疑、谨慎地看着每一棵树、每一棵灌木。它们不知道哪儿还有新的危险，不知道上哪儿去躲避这个诡计多端的猎人，不知道下次他又会用什么法子来害它们……

好奇的大雁

猎人们都知道，雁生性好奇，并且是鸟类中最谨慎的。

有一群大雁，在离河岸一公里的浅沙滩上睡大觉。人没法走到那里，也没法爬过去，坐车也不行。大雁就这样把头藏在翅膀下，缩起一只脚，安安稳稳地做着美梦。

是呀，它们怎么能睡得不香呢？你看，在这一群大雁的每一面，都站着一只老雁。老雁们不睡觉，也不打瞌睡，啥也不干，只是全神贯注地瞅着四面八方，充当这群大雁的守护神。有了这些站岗放哨的老雁，敌人们怎么给它们来个突然袭击呢？不信你可以试试看！

突然，那些放哨的老雁们一个激灵，伸长脖子，朝岸上瞪圆双眼。发生什么事情了吗？原来，河岸上出现了一只小狗。这引起了老雁的警惕，它们不知道那只小狗到底要干什么。

接下来，这只小狗一会儿往这边跑，一会儿往那边窜，忙着在沙滩上捡着什么东西，仿佛压根没有看到这些雁。老雁们这下总算放心了，一只小狗而已，没有什么好怀疑的。

可是，奇怪呀！好奇的老雁又心生疑惑，它们想走近前去看清楚，弄明白这只小狗为什么总是在那儿跑来跑去。

于是，一只老雁带头走到了水里，朝岸边游去。轻微的波浪声，惊醒了睡梦中的三四只雁。它们抬头看了看小狗，也加入了老雁的队伍，跟着朝岸边游去。游近时，大雁们才看清楚，原来，从岸上的一块大石头后面飞出来许多面包团。小狗左边跑跑，右边跳跳，正是在扑腾面包团呢。

咦！哪儿来的面包团呀？大雁们越来越好奇，非得弄个明白不可。它们伸长脖子，急切地往石头那探着脑袋。这时，只听到"砰砰"几声枪响。一个猎人端着枪从石头后边跳了出来，将它们打落到了水里……

好奇的大雁丢掉了谨慎，也丢掉了性命。

围　猎

车到站时已经是晚上了，我们见到了在车站等候我们的塞索伊奇。当晚我们就住在他的家里。

第二天的一大早，我们就吵吵嚷嚷地出发了。塞索伊奇在他的农庄里找了 12 个庄员来担任我们这个猎兔队伍的围猎呐喊人。

在森林的边上，我们停下来分配各自的位置。我把每个写了号码的纸揉成一团全甩到了我的帽子里。一共有 12 个。射手们依次抽取纸团，抽到几号就站在几号的位置上。

呐喊人都停留在森林的外面。射手们聚集在宽阔的林间大路上，等着塞索伊奇依照号码为我们指定位置。我是 6 号，胖子是 7 号。塞索伊奇将我的地方告诉我之后，开始对胖子进行临时的狩猎培训：千万不要沿着狙击线开枪，免得伤到旁边的人；当围猎呐喊人的声音越来越近的时候，不能再开枪；

不能猎杀雌鹿；要根据信号采取行动。

离我不到60步远的地方就是胖子。因为这是打兔子而不是打大熊。猎熊的时候，射手间隔的距离大概有150步。塞索伊奇再次发挥了他在狙击线上训人的威力，受训的对象是大胖子：

"你往灌木丛里钻干什么？在那里不好开枪。你站在这儿，和灌木丛并排。还有，兔子是从低处经过的。你的两条腿结实得像木头一样，把腿分开点儿，你的腿对兔子来说就是树墩。"

森林外围的围猎呐喊队也在等着塞索伊奇的安排。所以他安排好我们后，立马骑上马向林子外面飞奔而去。围猎要等一会儿才开始。趁这个空档，我开始熟悉四周的环境。

在我的正前方，耸立着一堵结实的树墙。叶子落光了的赤杨和白杨，只脱落了一半叶子的白桦，以及夹杂在它们中间灰褐色蓬松的云杉，是这堵树墙的主力军。要不了一会儿，就会有兔子沿着这些英姿飒爽的树木围出的小径，一路从森林深处跑进我们的包围圈里。也许还会有琴鸡。运气足够好的话，还有机会获得大松鸡的青睐。我能将它们悉数猎杀吗？

等待的时间，每一秒都慢得像一年。也不知道胖子此刻是什么感觉，只见他的两腿不停地交替着，好像是在找一个合适的角度让自己的腿看起来更像树墩。

突然，两阵悠长嘹亮的号角声从林外传到了寂静无声的森林里。这是塞索伊奇通知围猎队一点点向射手们所在的地方推进的信号。

胖子举起了粗壮浑圆的胳膊，他手里紧握的双筒枪看起来更像是一根手杖。

真搞不懂他是怎么想的！准备得这么早，胳膊很快就会

名师指津

详细叙述围猎前的情景，给我们以强烈的视觉冲击：这就是叙述的真实性，只有这样，下文的围猎才会让我们感同身受。

变得酸麻。

我依然在等着呐喊声传到我的耳边。

可是，枪声已经响起了！沿着狙击线，右面先打响了一枪，又从左面打响了两枪。别人都开始了射击，除了我。

大胖子的双筒枪对着琴鸡开火了。但琴鸡从高处逃离，他打空了，只留下"砰！砰"的枪声在林中回荡。

围猎呐喊人微弱的呼应声和手杖敲击树干的声音终于传到了我的耳朵里，赶鸟器的声音也从林子两边传了过来……

但是到目前为止，我的眼前还是没有动物的影子。

来了！一只白色夹杂着灰色的动物从树干后面一闪而过。那是一只正在换毛的白兔。它是我的了！嘿，它突然一个拐弯，转进了胖子的射击区域。它继续向胖子跑过去……

胖子全然没有感受到我急切的心情，他以慢得惊人的速度开枪了。"砰！砰！"嗷，没打中……白兔依然向他冲了过去。

又是"砰砰"的两声枪响，却只是把兔子身上的白毛打飞了！受到极度惊吓的小兔子慌不择路地想要逃跑。它从胖子那两条像树墩一样的两腿之间窜了过去，胖子立马飞快地将双腿合拢了！但是，兔子顺利地滑了过去，逃脱了。胖子却"轰"的一声结实地扑倒在地。

我笑得上气不接下气，笑得泪水都模糊了双眼。透过泪水朦胧的双眼，我看见两只白兔跑到了我的面前。但是它们狡猾地沿着狙击线跑，压根不能开枪。

这时胖子慢慢地跪着爬起来了。他把他的手向我的这边伸过来，让我看他抓住的一团白色的兔毛。

我大声地问他："有没有受伤？"

"没事儿！虽然没有抓住兔子，但是我把它的尾巴尖夹住了。看，白兔的尾巴尖！"

名师指津

这段文字用诙谐幽默的语言，给我们描写了一场近乎喜剧的狩猎，愉悦而欢快，委婉地表现了作者保护动物，保护生态平衡的主张。

真是个无法让人理解的家伙！

可怜的胖子！当我们在城里的打靶场上练习的时候，谁会想到在打猎的时候居然会发生这样的意外呢！

我们沿着林间大道有说有笑地开始往回走。载着猎物的大车跟在我们的后面慢慢前进。胖子也在那辆大车上。他太累了，坐在车上一个劲地喘气。但是猎人们哪里会放过出了洋相的大胖子呢！他们一路上都在对胖子进行语言攻击。

突然，一只比两只琴鸡加起来还大的黑鸟从道路拐角的后面出现在森林的上空。它沿着道路飞过来，一直飞过了我们的面前。我们急忙端起自己的枪，霎时间森林里响起一阵激烈的枪声。所有人都想把这只猎物射杀。但是，它仍然在飞。它已经飞到大车上方的天空了。

胖子保持着坐姿不动，端起了枪瞄准。双筒枪放在他火腿般的手臂上，真的很像一根小巧的手杖。他的子弹出膛了！大鸟被射杀了，所有人都见证了这一刻。大黑鸟在空中抖了下翅膀就丧失了飞行能力，像一块黑炭一样直挺挺地落到了路上。

没有人再去嘲笑胖子了，他用腿捉兔子的事情已经被大家忘在了脑后。

本报特约通讯员

东南西北——无线电通报

这里是列宁格勒《森林报》编辑部。

今天，9月22日，是秋分日。我们将用无线电交换报告我国各地的情形。

苔原和原始森林、草原和海洋，都请注意！

请你们讲讲，现在你们那里是什么情况？

喂！喂！这里是雅马尔半岛苔原

夏天，我们这儿是热闹的鸟儿乐园，现在只剩下一块光秃秃的岩石，再也听不见鸟儿叽叽喳喳的歌唱了。小巧玲珑的鸟儿从这里飞走了；雁呀、野鸭呀、鸥呀、乌鸦呀，也都飞走了。四处都静悄悄的。只听得到一阵阵鹿角碰撞的刺耳的声音，这是雄鹿在打闹呢！

8月的早晨，就有了寒冬的意味。水四下被冰封了起来。渔船早就开走了，刚耽搁几天没来得及开走的轮船，就被牢牢地封住了。这会儿，坚固的冰面上，破冰船正用它那笨重的身体，想方设法地为它们破冰开路。

昼长夜短，又黑又冷。白色的苍蝇在空中飞舞。

热闹都结束了。

这里是乌拉尔原始森林

我们正在迎接从北方、苔原飞到我们这儿的鸟儿。它们只是路过这里，在这里休息休息，再吃点东西；等到半夜，它们就悄悄地、慢悠悠地继续飞向远方。

我们欢送过路的鸟儿，也欢送在此地过夏的鸟儿。此刻，这儿的候鸟，多半已在追赶远方那遥远的秋天，追寻那里温暖的阳光，去那里过冬了。

风儿想从白杉、白杨和花楸树上带走枯黄、发红的叶子。落叶松的针叶变得粗糙起来，不再柔软，整个身体发出金灿灿的颜色。每天晚上，长着胡子的雄松鸡，挺着笨重的身体，飞到落叶松的树枝上来。它们黑乎乎的身体，蹲在金黄色的

名师指津

拟人和语气词的使用，表达了作者对于充满活力的大自然的渴望！

名师指津

绚丽的色彩描绘，精致的动作神态描写，给我们一幅祥和缤纷的晚秋百鸟图。

85

针叶间，忙着填饱它们的肚子。四周还伴随着榛鸡的尖叫声，这声音是从黑黝黝的云杉间发出来的。森林里，红胸脯的雄灰雀和淡灰色的雌灰雀、深红色的松雀、红脑袋的朱顶雀、角百灵，通通都是从北方飞过来的。现在，它们打算留在这儿，不再往南飞了。它们大概喜欢上这里了吧！

我们在原始森林里采集杉松的坚果，在菜园里收割最后一批蔬菜——卷心菜，马铃薯也快要被我们挖完了。我们把菜窖装得满满的，迎接冬天的到来。

可不只我们人类忙着过冬。瞧那只金花鼠，背上印着五道刺眼的黑条纹，拖着条细细的小尾巴，正忙着把杉松的坚果拖到树墩下去呢！它还在菜园里偷了不少葵花仔，把它的仓库填得满满的。林中的长尾鼠、短尾野鼠和水老鼠，都在用各种各样的谷粒，填满它们的仓库。棕红色的松鼠，在树上为自己晒蘑菇。现在正是它们换装的时候，它们要换上淡蓝色的皮大衣。长着斑斑点点的星鸦，把坚果藏到树洞里还有树根底下，为闹饥荒的时刻做准备。

熊找到了一个新房子，它用脚爪撕着云杉树皮，想给自己做一个褥子。

大家都在准备过冬，忙忙碌碌。

这里是沙漠

炎热的夏天走了，沙漠的草儿又绿了。雨"哗啦啦"地下着，空气里弥漫着大地的味道。远处的景物像擦过的镜子一样清晰好看。

出去避暑的动物，现在又回来了。金花鼠用它细细的爪子从深洞里爬了出来；甲虫、蚂蚁、蜘蛛也从地底下回到了地面；跳鼠拖着一根长长的尾巴，蹦蹦跳跳。它们的天敌巨蟒，

名师指津

特写花鼠，妙趣横生。作者对于生命的爱恋油然而生而又真实感人！

名师指津

镜头叠加的手法，画出一幅秋日浮生百态图。灵活自如的叙述手法。

在休眠了一个夏天之后，又在动着歪脑筋，一心想把它们变成盘中美食。鸟儿飞来了；猫头鹰、草原狐（赤狐）、沙漠猫也不知从哪儿来到了这里。快腿的羚羊、体态轻盈的黑尾羚羊、弯鼻羚羊在沙漠里奔跑着。

这里满眼是绿色，满眼是蓬勃的生命，一片节日的喜庆，哪看得出沙漠的模样——简直就是春天！我们行走在沙漠里。

这里成百上千公顷的土地即将穿上绿衣裳，到时候田野就不会害怕沙漠的热风了。沙漠将变得越来越柔和美丽。

这里是山峰，是世界的屋脊

在我们帕米尔高原，有一些山峰超过了 7000 米，直入云霄。人们亲切地称帕米尔为世界的屋脊。

在这里，当山下是夏天时，山上却是冬天；当山下是秋天时，寒冷已从云际蔓延下来，生物被迫随着寒冷往温暖的山底迁徙。

名师指津

概述高山垂直气候的特点。通俗易懂。

山上所有的植物全被大雪所吞噬。野山羊没有东西可吃了，它们不得不离开夏天的住所——寒冷的悬崖峭壁，最先把家搬到了山下。紧接着，绵羊们也开始往那挪窝。公鹿、母鹿都沿着山坡下来了。肥大的土拨鼠在高山草场上，与夏天一起消失了踪迹，通通钻到了地底下。那里面贮存的食物，够它们把自己养得胖胖的。它们就这样，用草塞子堵住洞口，在洞里过起冬来。

野猪在胡桃树、阿月浑子树和野杏树的丛林里过日子。

一些夏天从不在这里露脸的鸟，出现在了峡谷里。它们是：烟灰色的草地鹨、红背鸥、角百灵，还有神秘的蓝鸟——山鸹。鸟儿成群结队从北方飞来避寒、觅食。

秋收了，人们正在山田里采棉花，在果园里采各种各样

的水果，在山坡上采胡桃。

一场一场的秋雨，预示着冬天的临近。山顶的道路上面，早已积满了白雪，无法通行了。

这里是乌克兰草原

小球在被太阳晒焦的平坦草原上跳跃着，活泼极了。它们跑着跑着就扑到人的脚上来了，可人却一点也不痛，因为啊，它们是一团团干草。现在它们飞过土丘和石头，飞到小丘后面去了。它们的名字叫风卷球。每当它们成熟的时候，风儿就满草原带着它们跑，这时，它们像极了汽车的轮子。风卷球，一边滚动着，一边播撒种子。

热风正在渐渐地退出草原的舞台。苏联人民种植的森林带，将保护农田作物免受旱灾的破坏。从伏尔加河通来的灌溉渠也将为田里的收成保驾护航。

现在正是打猎的大好时光——草原湖的芦苇中聚集着各种沼泽地的野禽和水禽，它们有来自本地的，也有来自外地的。肥胖的小鹌鹑，在小峡谷里，在草丛里，随处可见，密密麻麻。草原上，遍地都是长着棕红色斑点的大灰兔。白色的兔子却见不着一个。这里，狐狸和狼这样多，你可以用枪打猎，也可以用猎狗捕猎，怎样都行！

城市里，西瓜、香瓜、苹果、梨、李子已经上市，数量多得不得了。

我们和全国各地的无线电通报，就在这里结束了。

下一次通报，也是最后一次通报，将在 12 月 22 日举行。

秋季第二月　准备冬粮

10 月 21 日至 11 月 20 日

冬伏开始

10 月，落叶纷飞，雨后泥泞一片。

西风专门喜欢卷走秋天的树叶，现在树林里的最后一批枯叶也被它扯了下来。

秋雨连绵，透着冰冷，一只被淋湿的乌鸦，孤零零地蹲在篱笆上，发着呆。不久它就要动身了——原来乌鸦是候鸟。在我们这里度过夏天的灰乌鸦，已经开始飞往南方了。同样，从遥远的北方飞来了一批在那里出生的灰乌鸦。北方的乌鸦与我们这里的秃鼻乌鸦一样，是春天最先飞来，秋天最后才飞走的鸟儿。

秋，先给森林脱去五颜六色的衣裳，接着开始让河水变得越来越凉。清晨，浅浅的水洼表面结出了一层薄而脆的冰层。日渐寒冷的天气，使空中与水中的小生命越来越少。夏日里在水上绚丽绽放的花儿们，此时早已把种子悄悄撒入水下，长长的花梗也缩了起来。鱼儿们都很聪明，它们要找暖和的地方过冬，比如到深坑中，那里的水底不会冻冰。蝾螈在池塘里住了整个夏天，现在它拖着长尾巴，扭动着软绵绵的身体，从水里钻出来，爬上陆地，在树根下找了一处有青苔的地方，因为到了冬天，死水是要被冰封得严严实实的，它要趁早搬家。

陆地上的生物，有些本来就是冷血的，现在就变得更冷了。飞虫、老鼠、蜘蛛、蜈蚣……一时间都不见了踪迹。蛇躲到了干燥的坑里，一动不动地盘曲成一团。蛤蟆钻到了岸边的稀泥里，蜥蜴钻进了枯树墩的树皮里，那里既暖和又安全，它可以在那里安然冬眠。野兽们有的换上了又厚又软的皮外套，有的把洞里的储藏室存满粮食，有的忙着把巢穴修建的更结实和严密。大家都在积极地为过冬做准备。

秋风秋雨的日子里，户外天气变幻无常，播种天、落叶天、毁坏天、泥泞天、怒号天、倾盆天，还有扫叶天。

名师指津

用短语排比，写出了晚秋的凄冷景象。韵律上，给我们以压迫感：冬日的脚步是如此急促。足见作者娴熟的组织语言的能力和对文思节奏的精准把握。

为过冬做准备

秋天的天气还不算太冷，但这时一定要抓紧时间。如果寒流突然袭来，一下子把大地和水都用冰封起来，到时去哪儿找吃的呢？又到哪儿去安家呀？

林中的每一只动物都忙碌着，它们各有各的过冬本领。

要迁徙的，振翅高飞，成群结队地去暖和的地方躲避严寒。而留下来的，大多数都在往自己家的仓库里搬运准备过冬的粮食。

短尾野鼠起劲地搬运着冬粮，还有许多野鼠，直接在麦秆垛里或粮食堆下面挖通一条地道，每天夜里去偷粮食。

野鼠的家布局很用心，每一个鼠洞都有五六个小过道，每一个过道通往一个洞口，地下还有一间舒适的卧室，几间仓库更是必不可少。

冬天里，野鼠等到天气最寒冷的时候才开始睡大觉，所以它们还有的是时间装满它们的粮库。一些手脚麻利的野鼠，早就在洞里储藏了四五公斤的谷粒。

显然，这些小型啮齿动物是专门偷粮食吃的，所以我们要防备它们。

矮小的植物

多年生的草本植物和树木都在积蓄力量，准备过冬。一年生的草本植物悄悄播下种子，但一年生的草类中也有坚强的。它们有的已经发出了嫩芽，很多杂草在翻耕过的田里生长起来了，荒凉的黑土地里，可以看到毛茸茸的紫红色叶子，它们是野芝麻，也有一簇簇像锯齿状的小叶子，那是荠菜，还有香母草、三色堇、犁头菜和不讨人喜欢的紫缕。

这几种小个子的植物都准备坚强地度过严冬，活到第二年的秋天。

特约通讯员　尼·巴甫洛娃

精心准备过冬的生物

如果下一场雪，你一定在很远的地方就能发现雪地里的椴树。它繁多的枝丫上，布满了棕红色的斑点。走近后你会明白，那不是它的叶子，而是坚果上舌头状的小翅膀。

不光是椴树有这样美丽的装饰。快看，那棵高大的桦树上挂着好多干果！它们的形状很像豆荚，又细又长，一簇簇地挂在树枝上。

最漂亮的，还得数山梨树。山梨树上挂着一串串色彩鲜

名师指津
精致的细节描写，不差毫厘的细致观察，描写才能感染人，感动读者。

91

艳夺目的浆果，沉甸甸的，坠着枝条。就连底下分蘖出来的小枝上也结了果实。

一些乔木还没来得及传下它们的后代，时节就已经是冬季了。你瞧，白桦树枝上还有一簇一簇干了的柔荑花，花里还藏着翅果。赤杨枝上的小黑球——那是它们的果实，还没掉下来。不过白桦和赤杨都已经为春天准备好了柔荑花序。春天来临时，柔荑花序就会伸直身子，张开鳞片，花就开了。

榛子树和每根树枝上都长着两对柔荑花序，粗粗的，呈暗红色。此时的榛子树上早就找不到榛子了。它们早已和种子惜别，并做好了迎接春天的准备。

特约通讯员　尼·巴甫洛娃

储存过冬的蔬菜

长着一对短耳朵的水老鼠，夏天时专门喜欢在小河边建造别墅。它会建一所地下住宅，还会挖一条从房门口斜着通向水中的通道。

现在，水老鼠为自己安排好了一处冬季住宅。这所住宅位于离水较远的草场上，这里又舒服又暖和。还有几条约100步长的通道，通向房子的里面。

卧室选在了有厚厚的干草的地方，里面铺着柔软的草，暖和极了。卧室到储藏室的通道有好几条，储藏室里收拾得井然有序，谷粒、豌豆、葱头、蚕豆、马铃薯，等等，都按秩序和类别储藏起来。这些都是水老鼠从田里和菜园中拖来的。

松鼠的阳台

可爱的小松鼠在树上有几个圆圆的洞，一个当作仓库，把从林子里采来的小坚果和球果藏在里面。另外，松鼠还采摘了一些蘑菇，一般是它最爱吃的<u>油蕈</u>和白桦蕈。聪明的松鼠会把蘑菇穿在断了的松树枝上。进入严冬之后，松鼠会在树枝上爬上爬下，把那些干蘑菇当可口的点心享用。

流动储藏室

姬蜂长着可以快速扇动的翅膀，触角朝上卷曲，下面是一双敏锐的眼睛。它们的腰极其细，简单地把胸和腹分成了两截，腹部后面的尾巴上，长着一根细长、挺直的尾针。

姬蜂给自己的幼虫找到一间奇怪的储藏室。夏天时，姬蜂会找一条肥大的蝴蝶幼虫，扑到它的身上，把尖刺扎进幼虫的皮肤中，钻出一个小洞，并在洞里下卵。

产卵之后，姬蜂飞走了，幼虫也很快恢复了正常。秋天到了，蝴蝶的幼虫结了茧，成为一只蛹。

此时，姬蜂的幼虫已经从卵里孵化出来，茧成了它温暖安全的家，而蝴蝶幼虫的蛹，则成了它的食物。

第二年夏天，破茧而出的不是蝴蝶，而是一只身子细长，披着黑、红、黄三种颜色的姬蜂。

姬蜂能杀死有害昆虫的幼虫，所以对人类是有益的。

身体自带储藏室

森林中的许多野兽，并不建造储藏室，它们会把能量储存在身上。

在秋天，食物丰富的时候，这些野兽会大吃大喝一通，让自己长得胖胖的，这一身的脂肪，就是它们的过冬保障。

在皮下堆积的厚厚的脂肪，是它们储存的养料，等到野兽们没有食物可吃的时候，脂肪就会转化成养分，再由血液输送

◄名师释疑◄

油蕈（xùn）：蕈，是一种野生菌，而松树蕈则是常熟虞山的一种特产。

名师指津

准确地描写出姬蜂的外形特点。

到全身。

熊、獾、蝙蝠以及许多大大小小的野兽都是这么做的，它们在秋天放开肚皮吃个饱，到冬天倒头大睡。

脂肪不但可以防止饥饿，还可以保暖，不让寒冷入侵到身体里去。

贼被偷了

长耳鸮是森林里出了名的坏家伙，它们既狡猾又爱偷东西。可是竟然有个小毛贼，把长耳鸮给偷了。

长耳鸮样子很像雕鸮，只是体形小一些。它长着钩子一样的嘴巴，头上的羽毛直立着，又大又圆的两只眼睛，不论夜有多么黑，却什么都能看清，敏锐的耳朵不会放过任何响声。

老鼠在树林的枯叶底下发出细微的声响，刚想活动一下，长耳鸮早已像脱弦的箭一般直冲下来，刹那间，老鼠被鸮的利爪抓到了半空中。小野兔在树林的草地上一蹦一跳地跑着，眨眼间，只听"笃"的一声，小兔子已成了鸮的猎物。

长耳鸮把捉来的老鼠啄死，然后拖回树洞中，它要等到冬天打不到食的时候再慢慢吃这些风干了的肉。长耳鸮白天在自己的树洞里休息，等到夜里再飞出去，不过它对洞里储藏的东西很不放心，常常飞回树洞看看自己的东西还在不在。一天，长耳鸮忽然发现，它的存粮好像不够数了！这是怎么回事？

天黑了，长耳鸮饿了，飞出树洞找食吃，等它回来时，发现竟然一只老鼠也没有了。在树洞底下有只灰色的小兽，鸮想抓住那只正一动一动的小野兽。可鸮刚要向前飞，小兽已经蹿到地上，逃走了，它嘴里还叼着一只老鼠。

一定是它偷了鸮的储粮！鸮紧追过去，眼看要追上时，却放弃了争夺，任由它抢走自己的猎物。原来鸮看清楚了，这个敢于向它挑衅的小偷不好对付。

这只连鸮都让它三分的小兽叫伶鼬，专门以抢劫为生。虽然它体形和老鼠差不多，却非常凶猛和灵活。如果长耳鸮被它一口咬住胸脯，那就别想逃命了。

夏天回来了吗？

初秋的天气真怪，一会儿冷，一会儿热。清早和晚上寒风刺骨，中午却艳阳高照，天气又暖和又宁静，好像夏天一样。

草地上，一朵朵黄色的蒲公英和樱草花钻了出来。蝴蝶在空中舞动，蚊虫在空中回旋，一只灵巧的鹡鸰飞来了，翘着尾巴唱起热情嘹亮的歌。高大的云杉树上传来了温柔的歌声，如怨如诉，轻柔而带着忧郁，好像雨滴打在水面上的声音。那是还没有飞走过冬的柳莺。

眼前这一派热闹的景象，会让你忘记冬天快要来了吗？

名师指津

多层次多角度描写了一幅多姿多彩的秋高气爽图。

受惊的青蛙

气温降低了，池塘里的居民们，都被冰封在了下面。后来，气温回升，冰又突然融化了，集体农庄的庄员们决定把池塘底整理一下。庄员们挖出一堆淤泥后，整理完就离开了。中午的太阳火辣辣的，晒得淤泥堆散发着热气。忽然，淤泥动起来了，一个泥团从泥堆上滚了下来，在地上不停地动着。

名师指津

细致的动词描写和恰当的拟人手法，读来妙趣跌出。

泥团中伸出一条小尾巴，在地上摆动着，"扑通"一声，泥团跳回了池塘里。紧接着，第二个，第三个……小泥团们一个跟着一个地跳下去了。还有另一些泥团，没有尾巴，却伸出了小腿，在池塘边一跳一跳的。

这是怎么回事？原来，它们不是泥团，而是浑身裹满淤泥的活鲫鱼和青蛙。它们钻到池底的泥里去过冬，庄员们翻淤泥时把它们也一起掏了出来。火热的阳光晒着泥堆，鲫鱼和青蛙都被热醒了。它们都跳跃起来，鲫鱼跃回了池塘的水里。而青蛙怕再被打扰，想换个清静的地方继续睡大觉。

在打麦场和大路的另一边，还有一个更大的池塘。于是，几十只青蛙像开过会一样，一齐朝这个方向跳去。可是秋天的气温实在太多变了，青蛙们刚跳上大路，乌云就把太阳遮住了。接着吹来了寒冷的北风，身上湿漉漉的旅行家们冻得直发抖。它们拼命向前又跳了几下，就踉跄着倒在了地上。它们的脚渐渐麻木，血渐渐凝固，最后直挺挺地不能动弹了。它们再也跳不动了，几十只青蛙都被冻死了。

青蛙们的头都朝着大路那边的大池塘，它们多想进到池塘里那暖和的淤泥之中呀。

长着红胸脯的小鸟

夏天时，我在森林里走着，忽然听到茂密的草中传来一阵窸窸窣窣的声音，像是有什么东西在跑。我吓了一跳，仔细观察，原来是一只小鸟被青草缠住了。这只小巧玲珑的鸟儿浑身全是灰色的，胸脯上却长着红色的羽毛。我弯下腰拿起它，把它带回了家。

得到这只漂亮的小鸟让我高兴极了，回到家，我忙着喂它面包屑，它吃饱后，就变得欢快起来。我给鸟儿做了个笼子，一有空就为它捉虫吃。小鸟在我家度过了整整一个秋天。可没想到的是，有一天，我出去玩，鸟笼的门没有关好，我家的猫趁机把它叼走了。我回来后为我心爱的小鸟大哭了一场，可这又有什么用呢？

森林通讯员　奥斯达宁

捉住了一只小松鼠

松鼠在夏天时要采集好多存粮，准备等到冰封雪冻的冬天再吃。我曾看见一只松鼠，从云杉树上摘下一个球形的果实，然后拖到树洞里去。我在有松鼠洞的那棵树上作了个标记，后来，这棵树正好被砍倒了，我们就把松鼠从洞中捉了出来，树洞中有好多球果呀。

我们把小松鼠带回家后，做好了一个笼子，把它养在里面。松鼠很厉害的，一个小男孩把手伸到笼子里去逗它，松鼠一口就把男孩的手咬出个血洞。

我们喂它些云杉的球果，它很喜欢吃，榛子和核桃更是它的最爱。

森林通讯员　斯米尔诺夫

神秘的星鸦

你听说过星鸦吗？在我们这一带的森林里，有一种乌鸦，体形比普通乌鸦略小，身上长着许多斑点。我们叫它星鸦，西伯利亚人叫它星乌。

星鸦很爱收集松子，把它们贮藏在树洞里和树根下面。冬天来临时，它们从这座森林飞到那座森林，从一个地方飞到另一个地方，享用着美食。星鸦们在吃自己仓库中的粮食吗？不是，每一只星鸦都在享用同类所贮藏的美食。它们往往会飞到一片从来没去过的小树林，在那里寻觅其他星鸦的储藏室。

星鸦不会放过任何的树洞，一个一个地向里面探头，偷看有没有藏着松子。树洞里的吃的当然好找，可是，在冰天雪地的环境里，别的星鸦藏在树根下面和灌木丛里的果实，又怎么找呢？奇怪的是，只要星鸦飞到一处灌木丛边上，抓开下面的积雪，总能找到同类藏在那里的松子。周围有数不尽的乔木和灌木丛，可它们是靠什么在白茫茫一片的雪底下，精准地找到目标的呢？

这一点，我们还<u>不得而知</u>。还需要我们进一步试验和研究。

好可怕呀

天气凉了，森林中的树叶越来越稀疏。

一只白色的小野兔，在灌木丛下面潜伏着。它身子贴在地上一动不动，两只眼睛却不停打转。周围发出的细碎声响，让它的心提到了嗓子眼儿。不会是老鹰在树枝之间拍打翅膀吧？不会是狐狸的爪子踩着落叶走过来了吧？它紧张地猜测着。

这只小兔子正在换毛，它将很快换好一身雪白的毛，等到头一场雪下来后，就会与大地融成一色，不容易被敌人发现了。可是现在却很危险，地上到处是黄的、红的、棕色的落叶，五彩缤纷，它一身白色那样显眼。万一猎人来了可怎么办？一跃而起，然后飞奔吗？地上的枯叶踩上去像铁片似的响个不停，怎么逃得脱！

小兔子躺在灌木丛下面，尽量把身子躲到青苔里，紧贴住一根树墩。它连喘气都要小心翼翼的，紧绷着身体，一下也不敢动，只剩下两只眼睛东张西望。

多么让人心惊肉跳呀……

候鸟起飞了

在我们人类看来，候鸟的迁徙非常简单。它们有翅膀，想飞到哪儿就飞到哪儿。这里天冷了，吃的东西变少了，那就拍动翅膀，往暖和的地方飞；等那里天气也变冷了，就再往前飞一段，随便找个不愁吃喝的地方过冬就行了。

其实，鸟类的生活没有我们想象的那样优哉游哉，它们为了选择过冬的地方，实际上是很辛苦的。令人不解的是，我们这里的朱雀一直飞到印度去，而西伯利亚的游隼却要飞过印度和几十个温度适宜的热带地区，一直飞到澳大利亚去过冬。

看来，让候鸟飞过高山、横渡大海，千里迢迢飞去的地方，不仅是由于气候寒冷和食物减少这些简单的原因，一定还存在着一些更加复杂的因素。

就让我们推测一下：众所周知，远古时期，全国大部分地区都曾屡次遭受冰河侵袭。冰河以排山倒海之势，覆盖了大片平原，慢慢退去后，再卷土重来，一路上吞没了所有的

名师指津

生存和成功一样，都是要付出艰辛与努力的，真实地告诉我们，生活不是浪漫的旅行，而是一场不屈不挠的斗争，惟其如此才能生存、成功。

生物。

　　幸运的鸟类靠肋下的双翅保住了性命，第一批飞走的鸟，就落到了冰河边的陆地上，而下一批飞来的鸟，就飞得远一些，而再下一批的鸟只能飞得更远，这就好比我们玩的跳棋一样。

　　等到冰河水退下去之后，鸟类又飞回自己的家乡，飞得不远的最先回来了，稍远些的下一批回来，而更远的再下一批回来，如同把玩跳棋的顺序倒了过来。不过，这个"游戏"玩一次要很久呀——大约要几千年！

　　鸟类很可能在这漫长的时间里养成了一种习惯——秋天，感到天冷起来的时候，就离开自己的家乡，到春天有太阳的时候，再回到这里。这种习惯被世代保留了下来，因此，候鸟每年从北向南飞。地球上，在没有经历过冰河的地方，没有大批的候鸟，这一点也可作为我们以上猜测的一个证明。

　　秋天到了，并不是所有的鸟类都向温暖的南方飞，也有往别处去的，甚至是向更冷的北方飞的。许多鸟飞走，都是因为冬天时我们这里的大地被冰覆盖，水也冻成了坚硬的冰，鸟类没有东西可吃。等到大地出现化冻的地方，飞走的秃鼻乌鸦、椋鸟、云雀就立刻出现了。江河湖泊上的冰出现了融化的地方，就会很快见到鸥鸟与野鸭。

　　冬天时，绵鸭在干达拉克沙禁猎区待不下去，因为白海会被一层厚厚的冰封起来。它们往北飞去，因为在北面有墨西哥湾暖流流过，那里的海水整个冬天都不会封冻。

　　在严寒的冬天，从莫斯科向南，过不了多久，一走到乌克兰，就会看到秃鼻乌鸦、椋鸟、云雀。山雀、灰雀、黄雀之类的在我们这里被认为是留鸟，而秃鼻乌鸦、云雀、椋鸟只不过飞到比留鸟稍远一些的地方度过冬天。

　　你知道吗？留鸟可不是老居住在一个地方的，它们也会迁移。只有城中的麻雀、寒鸦、鸽子和生活在森林和田野中的野鸡，才会一年到头住在一个地方呢。其余的鸟类，有的飞得近，有的飞得远。

既然是这样，那么怎么断定哪一种鸟是真正的候鸟，哪一种鸟只不过是移栖的鸟呢？例如一种红色的金丝雀——朱雀，我们很难说它是不是移栖的，黄鸟也是如此。灰雀到印度去过冬，而黄雀则飞到非洲去。它们为什么成为候鸟呢？似乎与大多数鸟类不同，它们并不是由于冰河侵袭再退去的原因才变成候鸟的，而另有其因。

我们认真观察了雌灰雀，它们与普通的麻雀很相似，头部、胸部都非常红。黄鸟浑身都是纯金色的，而两个翅膀却是黑色的。这些鸟儿穿着如此华丽，不像我们北方的鸟儿，难道它们是从遥远的热带飞来的客人吗？这种猜测极有可能。黄雀是典型的非洲小鸟，而灰雀是印度鸟，我们这里反倒是它们的异乡。

据推测，当时的情形是这样的：这些鸟类在自己的家乡出现了过剩现象，为了更好地生存，一些鸟不得不去新的居住地繁衍生息。它们开始向北方迁移。夏天时，北方并不冷，刚出生的小鸟也能适应；等到冬天时，天气严寒又吃不饱，它们就又回到故乡。此时雏鸟已孵化出来了，三五成群地住在一起。到春天后，它们再飞到北方。这样周而复始几千几万年，这些鸟类养成了移飞的习惯。黄鸟向北，飞过地中海，来到了欧洲；而灰雀从印度往北飞，跨过阿尔泰山山脉，来到了西伯利亚，再向西，经过乌拉尔再向前。

还有一种观点认为，移飞习惯的形成，是由于一些鸟类逐渐喜欢上了新的筑巢地。例如灰雀，最近几十年来，这种鸟越来越往西迁移，已经迁到波罗的海海边了，可它们冬天

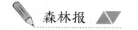

还是照旧飞回故乡印度。

关于鸟类移飞习惯产生原因的各种猜想，可以引发我们许多思考，但是，关于移飞，还有许多未破解之谜。

一只小杜鹃的故事

列宁格勒附近的泽列诺高尔斯克有一座花园。花园里有一棵老云杉树，树根旁有一个舒舒服服的鸟窝，这儿居住着一个红胸鸲家庭，一只小杜鹃在这里破壳而出。

小杜鹃怎么会生在红胸鸲的窝里呢？原来，雌杜鹃是有名的懒妈妈，它们经常干这种事——把自己的蛋生在别的鸟巢里。也别提这只小杜鹃给它的养父母带来了多少麻烦和不安，刚出生不久的杜鹃比养父母的个头大三倍，简直是个喂不饱的馋鬼！

有一天，花园管理员走到鸟巢旁边，觉得这只小鸟样子奇怪，就提起已经长出羽毛的小杜鹃，看了看。小杜鹃左边翅膀的羽毛上有一个白色的斑点，十分清晰。管理员看完又把它放回巢中，这一下可把一旁的红胸鸲夫妇吓得不轻，还以为自己的孩子要遇到危险呢。

小杜鹃慢慢长大了，越来越明显，它根本不是红胸鸲夫妇的孩子。弱小的红胸鸲夫妇还是把小杜鹃养大了，可是羽毛日渐丰满的它在飞出巢以后，每次见了养父母，还总是张着大嘴，叫着要东西吃。

10月初，花园中的树木纷纷落光了叶子，只有一棵橡树和两棵粗大的老椈树，身上还披着华服。小杜鹃不见了，而那些成年的杜鹃，早在一个月以前就离开森林飞走了。

这一年，小杜鹃和我们这里其他的杜鹃一样，是飞到南非过冬天的，一批小杜鹃将在那里出生，到夏天时飞回我们这里。今年夏天，花园的管理员看到一棵老云杉树上飞来了一只雌杜鹃，他害怕杜鹃是来破坏红胸鸲的巢的，于是端起气枪把它打了下来。

管理员走过去，捡起这只杜鹃，看到它的左翅膀下，有一个清清楚楚的白色斑点。

狩 猎

秋 猎

在一个清爽的秋日早晨，猎人扛着他的枪去郊外打猎。他的手里牵着两条被短皮带拴在一起的猎狗。那两条猎狗长得非常结实。它们的胸脯很宽，黑色的毛皮上点缀着棕黄色的斑点。

在小树林的旁边，猎人解开了束缚着猎狗的皮带，让它们去替他寻找猎物。它们迅速蹿进了小树林。

猎人则悄无声息地沿着树林边野兽经常出没的小路前进。他来到灌木丛对面的一个树墩后面，从那里他可以看见那条一直通往小山谷的林间小路。但他的猎狗并没有给他密切观察的机会，它们已经找到了野兽的踪迹。

老猎狗多贝华依首先发出了低沉沙哑的吠叫，随后年少的扎利华依也跟着它叫了起来。猎人明白那叫声的意思，一定有兔子被他们从窝里轰出来了。一场秋雨过后，树林里到处都是黑乎乎的稀泥。猎狗们正在用它们灵敏的鼻子追寻兔

子的踪迹，在这片烂泥地上向前追赶着。兔子被它们追得兜起了圈子，猎人与它们的距离也时远时近。

猎人看见兔子棕红色的毛皮在山谷里闪现，但是那两条猎狗却没有及时追上兔子的步伐。就这样，猎人错过了射杀兔子的机会……

瞧啊，多贝华依跑在前面，扎利华依伸长了舌头跑在它的后面。多么出色的猎狗啊，它们紧紧追着兔子从山谷中跑过。但是没关系，兔子肯定会被重新追回树林里的。多贝华依是一只非常出色的猎狗。只要发现了野兽，它就一定会使猎物成为猎人的囊中之物。

一圈又一圈过去了，它们最终追着兔子回到了树林里。猎人暗暗决定："等兔子跑上这条小路，我一定要把握住机会！"

可是，怎么突然没有动静了？发生了什么事情？猎狗的声音也从东西两个不同的方向传过来！但是老猎狗的声音突然停了下来。扎利华依独自吠叫了一会儿也停下来了。现在，整个树林安静极了……

突然，老猎狗咆哮起来！它的声音更沙哑了。扎利华依紧跟其后也发出了急促的叫声。是什么让它们的声音变得那么激烈？对，它们又发现了一只野兽，并且绝对不会是兔子！那只野兽百分之八十可能披着火红色的毛皮……

猎人迅速用最大号的散弹替换掉原来的子弹。

兔子跑上了小路，但猎人没有举起枪。兔子急急地跑进了田野，消失不见了。他再次错过了机会吗？

老猎狗嘶哑的咆哮和年轻猎狗急切的犀利叫声越来越近了，猎物越来越近了。猛然地，一只胸部雪白、脊背火红的动物出现了！它沿着兔子刚刚跑过的路线笔直地向猎人冲了过去。

猎人果断而快速地举起了猎枪。猎物发现了他的举动，迅速地向左甩了一下它那蓬蓬的尾巴，又迅速向右甩。但是，怎样都<u>无济于事</u>了！随着"砰"的一声枪响，狐狸被火药的威力抛上了半空中，最后身体僵直地落到了地面上。它已经被打死了。

正在这时，从林子里跑出来的猎狗一拥而上，扑在狐狸身上。它们用锋利的牙齿撕咬着狐狸，漂亮的红色毛皮要被咬破了！

说时迟、那时快，"放下那只狐狸！"猎人发出一声威严的怒吼。他迅速跑到狐狸的边上，在<u>千钧一发</u>之际，将他珍贵的猎物从猎狗的嘴里抢了出来。

地下的搏斗

那个著名的獾洞，就在紧挨着我们农庄的森林里。它在那儿很久了。其实它根本就不是一个洞，虽然被称为"洞"。那里本来是一座山丘，像愚公移山一样，被一代代的獾前赴后继挖掘而形成了洞。它实际上是一个完整的地下交通网，使用者是獾。

我在塞索伊奇的带领下参观了獾洞。我很细致地查看了这座山丘，发现这里一共有 63 个洞口。在山丘下面的灌木丛里还隐藏着一部分不易被发现的洞口。

随便一看就知道，除了獾以外，这里还住着其他的动物。其中的几个洞口前胡乱丢着很多的鸡骨头，它们中间还夹杂着一些兔子的脊椎骨。骨头上蠕动着大堆的虫子，有埋葬虫、推粪虫和食尸虫，它们正在那里不亦乐乎地爬来爬去。

那些骨头不是獾的杰作，它从来不吃鸡和兔子。更何况，獾非常爱干净，它绝不会将剩下的食物或是脏东西堆放在家附近。通过那些骨头我们可以知道，那里住了一个狐狸家庭。它们和獾比邻而居，都住在这座宽敞的地下隐藏所。那里还有一些壕沟。它们本来是要被掘成洞的，但是显然被掘坏了。

塞索伊奇告诉我说："我们这儿的猎人为了捉住狐狸和獾，可是花费了不少的心思和力气，但到头来都是无功而返。也不知道那些小东西都躲到地底的什么地方去了，怎么挖都挖不着。"他顿了顿，又对我说："不如我们试试烟熏吧，看能不能把它们赶出来！"

第二天清晨，塞索伊奇和一个小伙子带着我一起去了獾洞。路上，那个小伙子一会儿被塞索伊奇戏称为烧炉工人，一会儿又被戏称为火夫。

我们在山丘的上面留了两个洞口，在下面留了一个洞口。其余的洞口都被我们堵上了。光是这些准备工作就让我们忙活了很久。

我们把很多容易燃烧的杜松枝和云杉枝堆放在下面的洞口。然后我和塞索伊奇走到山丘的上面，以灌木丛为遮蔽物分别把守住一个洞口。小伙子紧接着点燃了枯枝。小伙子又堆上了更多的云杉枝，火越来越旺了。不一会儿，火堆就冒出了滚滚浓烟。洞口就像烟囱一样，将那些浓烈刺鼻的烟雾悉数吸进了洞里。

塞索伊奇和我都怀着兴奋的心情躲在我们的据点，急切地等待着浓烟从我们坚守的洞口冒出来。我在揣测着会是哪一种动物先跑出来。多半会是聪明狡猾的狐狸，不过也有可能是行动迟缓的胖獾子。它们应该已经嗅到烟雾的味道，或许已经被烟雾熏疼了眼睛，正在地下寻找出路呢！

但是没有一只动物窜出来。它们可真能忍耐。烟都已经弥漫到塞索伊奇和我的身边了，相信过不了多久，肯定就会有野兽跑出来。会有几只呢？肯定不止一只，它们会像跳火圈一样，一只接一只地跳出来。为了不错过俘获狐狸的机会，我们已经端着枪严阵以待了。

烟变得更浓了。大团大团的烟你推我挤地往外冒，将我们也包围了。烟把我的眼泪都熏出来了，睁着眼睛变成了一件困难的事情。但是，可不能放松警惕，眨眼抹泪间也许就会有野兽从眼皮子底下逃走。

事与愿违的是，还是不见野兽的踪迹。一直用手托着枪是很辛苦的，我就放下了枪歇一歇。又等了很久，期间小伙子满怀希望地往火堆里填了很多枯枝，但野兽依然是不知所踪。

在回去的路上，塞索伊奇对我说："你是不是在怀疑野兽们都被熏死在洞里了？没有，它们才不会被熏死。烟在洞里只会不断地向上攀升，它们往下钻就不用担心被熏着。只有它们才知道那个洞挖得有多深！"

这次算是白跑一趟。一路上，小伙子的情绪非常低落。为了让他开心一些，我给他讲了一个关于㹴缇和狐㹴的故事。那是两种非常彪悍的猎狗，它们能钻到洞里去捉狐狸和獾。听到这些，塞索伊奇兴奋起来。他强烈地恳求我，不管用什么方法，一定要帮他找到一条那样的猎狗。我只好勉为其难地答应帮他想想办法。

之后不久，我就去了列宁格勒。我的运气真是好极了，有一位和我相熟的猎人愿意把它心爱的㹴缇借给我。

我带着它回到村庄，把它交给塞索伊奇。可是他非但不高兴，还很不满地对我说："你是存心拿我开玩笑的吧！这么小的狗，别说捉狐狸了，小狐狸就能把它咬死！"塞索伊

❮名师释疑❯

严阵以待：指做好充分战斗准备，等待着敌人。

奇个子不高，他不仅对自己的个子非常不满意，也看不上其他的小个子，比如说狗。

不过凫缇确实太矮小了！它的身子细长，四条腿就像骨头没有长结实一样松松软软的。但是当塞索伊奇满不在乎地把手刚伸到它面前，它立马展示出锋利的牙齿，气势汹汹地咆哮着向他扑了过去。见此情景，塞索伊奇急忙往旁边闪了闪，心有余悸地说："好一头猛犬，这么凶悍！"之后他就沉默不语了。

我们带着小狗向獾洞走去。刚到山丘前，它就迫不及待地往獾洞冲去，都快把我的手拽得脱臼了。我一解开拴着它的皮带，它就飞似的消失在漆黑的洞里了。

为了满足人类对狗的不同需求，很多奇怪的品种被培养出来。凫缇应该是其中最奇怪的一种了。它是地下猎犬，个头很小。像貂一样细长的身子注定了没有比它更适合钻洞的猎犬。它的脚上长着弯弯的爪子，既善于挖土也能死死地抓住泥土。它狭长的脸上长了一张一咬住猎物就死死不放的嘴。

我在獾洞的上面耐心等待，心里寻思着，被人豢养的猛犬和野生动物之间的血战，正在地下洞府的某处上演，谁会是最后的赢家呢？想到这里，我开始<u>局促不安</u>了。那只瘦小的狗能从地洞里安全返回吗？如果它葬身于此，我该怎么跟它的主人交代呢？

地下追击进行得如火如荼。小狗洪亮的咆哮透过厚厚的泥土清晰地传到了我们的耳边。但那声音听起来像是从很远的地方传来，而不是来自我们脚下的土地里。慢慢地，叫声在一点点向我们迫近，声音也更清晰了。猎狗暴怒的叫声有些接近沙哑了。近了，近了……但倏忽间又飘远了。

我和塞索伊奇精神高度集中地站在山丘上，手里紧紧握着不知什么时候用得上的猎枪，手指头都捏得痛了。猎狗的叫声不时地从不同的洞口传到我们的耳朵里。

突然，猎狗的叫声中断了。我明白，猎狗已经追上了野兽。一场地下的肉搏已经进入了白热化的状态。

我突然想到，我们忘了带铁锹。猎人带着猎狗进行地下打猎时，都会带上铁锹。当猎狗在地下同猎物交手的时候，猎人就会挖开土层，和猎狗一起将猎物制服。但这种办法也只有当搏斗发生在地下一米左右时才有效。我们面对的这个獾洞，它的深度连火攻都不起作用，就算是带了铁锹也是<u>于事无补</u>。

到底该怎么办？瘦小的凫缇肯定出不来了。地下深洞里指不定有多少只野兽，它哪有机会<u>逃出生天</u>呢！

但是，突然又传来了猎狗的叫声，这次是低沉和缓的狗叫声。

正准备高兴呢，狗的叫声又停了。这一次小狗肯定是死透了。我和塞索伊奇静默地立在洞口，为小狗默哀。

我站在小狗的坟墓前迟迟不忍心离去。塞索伊奇开口说道：

"唉，老弟，是我们事先没有考虑周全，小狗很可能是在地下遇到了强健有力的老狐狸或是獾子了。"

塞索伊奇又试探性地补充道："接下来怎么办？走，还是再等一会儿？"

正在这时，地下突然传来了一阵细碎的动静。

洞口露出了我们熟悉的那条尖尖的黑尾巴。接着，两条弯弯的后腿退出来了。那沾满泥土和血迹的细长身子也露出了一部分。是凫缇！很明显，它正在费力地往洞外移动。我高兴极了，飞快地跑到它的身边，抓住它的身子帮助它向外

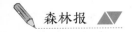

移动。

　　小狗被我拉出来了。随着小狗来到洞外的还有一只肥胖的獾子！老獾直挺挺地躺在地上。凫缇像是怕老獾死而复生似的，仍然恶狠狠地死死咬着老獾的脖子，不肯松口。

本报特约通讯员

秋季第三月　迎接冬季

11 月 21 日至 12 月 20 日

初　冬

　　11 月，深秋叶落，几抹雪花飘飘。

　　如果把 11 月比作人世间的那些事儿，那它大概是 12 月的兄弟姐妹，10 月的儿子，9 月的孙子。树叶匆匆铺满了大地，雪花也耐不住寂寞的心。厚厚的冰覆盖着池塘和湖沼。11 月的季节，虽然不都是天寒地冻，但对生活在这片土地上的俄罗斯人来说，已经让他们感觉够寒冷了。于是，他们穿起了厚厚的棉衣，生着了红红的炭火。

　　秋天，森林里的树木开始卸下所有的装扮。尤其在下雨的时候，它们的家园，远远地看上去，多么的光秃秃、黑沉沉，生机都荡然无存！这时候，河水也开始变得沉默起来。甚至不知什么时候，天空飘起了雪花，顿时，大地上白茫茫的一片。河面上结了一层晶莹剔透的冰，在阳光下泛着闪闪的光。如

通过细致的冰面描写，让读者仿佛身临其境。

果那时的喜悦鼓动着好奇心去作怪，踩上去感觉那咔嚓声响，将是多么美妙啊。不！也许，冰会恶作剧地崩裂，和你开个大大的玩笑呢！

然而，这只是开头小插曲，还没有到真正的冬季。雨过天晴，乌云消散，太阳的光芒普照每一个角落。看吧！黑色的草虫在天空中翩翩起舞，那是从树林里飞出来的吧？那儿还有在春天里盛开的款冬花、蒲公英。雪花渐渐地融化了，可是，树木却呼呼地沉睡了，他们要到来年春天才会醒。

那时，等待他们的，是伐木的季节。

莫名其妙的现象

我拨开地上的雪，检查着一些一年生植物。现在已经是11月了，按理说它们应该都活不过秋天的。可是，在秋天的时候，我就发现它们仍然活着，而且还有很多叫不上名的植物生长得生机勃勃呢！

在乡村房子跟前的一种草，长着长长的叶子，人们爱用它铺满地面的小茎擦脚。它开着不太引人注目的粉红色的小花儿。

活得朝气勃勃的还有荨麻，它长得很矮小。在田间劳动的时候，别不在意它，它能把你的两只手刺出水疱。所以，在夏季，人们非常不喜欢它。然而，眼下你再看它时，会有一种很愉悦的感觉。

你还记得蓝堇草这种植物吗？在菜园里能经常见到它，它很美丽。叶子微微地分开，粉红色花朵儿细长细长的，花尖的颜色还很浓。

这些草儿的生命还在继续着。但是，到了春天，它们就会枯萎了。既然如此，它们又何必生活在白雪皑皑的境况下呢？这种现象该如何去说明呢？我还不清楚，还要去弄明白。

特约通讯员　尼·巴甫洛娃

森林里从来也不是死气沉沉的

最后一群候鸟赶着离开故乡。这儿的寒风在树林里肆意狂啸着，把赤条条的白杨树、白桦树和赤杨树吹得左摆右摇，沙沙作响。

过冬的客人已来入住了。但夏天的鸟儿却还没有都飞向过冬的地方。

鸟儿有各自的生活习性，过冬时都会去自己喜欢的地方。有的鸟儿飞到高加索、外高加索、意大利、埃及和印度去过冬；有的会继续留在列宁格勒省。

飞　花

赤杨的黑色树枝上没有一片树叶，在沼泽上空，显得一丝冷清的感伤！地上没有一点儿绿草，太阳在乌云背后懒洋洋地露出了面容。

忽然在沼泽上空，阳光的照射下，很多五颜六色的花儿飘舞了起来，有白色的、红色的、绿色的，还有金黄色的，而且这些花儿大得令人惊奇。它们有的落在赤杨树枝上，有的粘在白桦树皮上，像闪着彩色光芒的斑点在炫耀它的美丽；有的掉落在地上，有的在空中像鸟儿一样抖动着亮色的翅膀。

它们叫什么名字？从哪儿飞来的呢？它们用一种芦笛似的声音彼此呼应着，从地面飞向树枝，从这棵树飞向那棵树，从一片小树林飞向另一片小树林。

北方来的鸟儿

在这儿过冬的小鸣禽是从很远的北方飞过来的。其中有长着红脑袋红胸脯的朱顶雀；身体呈烟灰色的太平鸟，它头上戴着一顶皇冠，翅膀上绘着五道红条条的羽毛；深红色的松雀；一对对红色的雄交嘴鸟和绿色的雌交嘴鸟；还有羽毛呈金绿色的黄雀；黄羽毛的小金翅雀；美丽胖胖的鲜红色胸脯的灰雀。这些鸟儿在北方筑巢过冬。现在北方很冷，但它们觉得很暖和。然而，我们本地的鸟，像黄雀、金翅鸟和灰雀，都已飞到比较暖和的南方去了。

黄雀和朱顶雀以赤杨子、白桦子为食物。太平鸟和灰雀喜欢吃山梨和其他果浆。交嘴鸟爱吃松子和云杉子。在这儿，这些食物随处可以找到，所以，它们都可以吃得很饱。

东方飞来的鸟

矮小的柳树上好像开出了一朵朵艳丽的白玫瑰花。这些白玫瑰在灌木丛里和柳枝上穿来穿去，用那像黑钩子似纤长的小爪东扒扒、西拉拉。白色的小花瓣仿佛翅膀在空中忽闪忽闪地飞翔，可爱极了！它们那轻盈婉转的鸣叫声，在空中荡漾着，飘远着。

这是山雀，白色的小山雀。

它们是从东方严寒的西伯利亚，越过群峰隐现的乌拉尔飞来的。那儿早已是寒冷的冬天，低矮的山杨树已经被厚厚的大雪掩埋。

该睡觉了

大片的乌云遮住了阳光，灰色雪花从空中洋洋洒洒地飘落到地上，地面立刻变得湿湿的。

一只胖嘟嘟的獾子气呼呼地哼唧着，好像找不着妈妈的小孩儿，只见它慢慢地一瘸一拐朝自己的小洞走去。树林里到处都是泥泞，空气湿乎乎的。这时候，它应该钻到地下那整洁暖和的沙土小洞里睡懒觉了。

长着蓬松羽毛的噪鸦，在树林里打起架来，它们被雪水沾湿的羽毛闪着咖啡渣的颜色。"战斗"越来越激烈了，它们彼此撕心裂肺地吼叫着。

一只老乌鸦，在大叫一声后，又迅速扇动着蓝黑色翅膀向远处匆匆飞去。原来，它发现远处的地上正躺着一具野兽的尸体，足够它美餐一顿了。

树林里一片沉寂。灰色的雪花缓缓地落在黑色的树枝上、地上，落叶正在一点一点腐烂。

雪花越下越大，白茫茫的一片。此时，鹅毛似的大雪，盖住黑色的树木，盖住无边的大地……

流经这儿的主要河流——伏尔霍夫河、斯维尔河和瓦河受到了严寒侵袭，河面都结了冰。最后，就连芬兰湾也逃脱不了被冰封的命运。

动静结合，对比鲜明，熟稔的写实手法。

最后的飞行

11月的最后几天，天气突然变得暖和了。但它还没有半点儿融化的迹象。

清晨起来，我去外面散步。突然，看见雪（不管是在灌木丛里还是在林间路上）上到处飞舞着一种黑色的小蚊虫。它们漫不经心地从下面什么地方飞旋着，好像风吹着它们似的，在空中似有似无地划了一个半圆，然后斜着身子垂落在地上。其实，这儿一点儿风也没有。

午后，雪开始渐渐融化，树枝上的雪不停地掉落到地上。如果你偶尔抬头，雪水就有可能会掉落在你的眼睛里，甚或一阵风飘过，雪就会洒在你的脸上，又冰又凉。这时候不知从什么地方飞起很多小蝇子，黑压压的一片。夏天，我还从未见过这种小蚊虫和小蝇子。它们的身体几乎贴着地面，高兴地飞来飞去。

黄昏的时候，天气又变冷了许多。也不知道小蚊虫和小蝇子要到哪儿去挨过这寒冷的天气。

森林通讯员　维利卡

貂追松鼠

很多松鼠搬进了我们居住的森林。

它们原本生活在北方。可是，那儿正在闹饥荒，它们充饥的球果一下变得很少。

松鼠喜欢坐在树上，像一个小矮人似的用后爪紧抓着树

名师指津
情趣无穷的神态、动作描写，精雕细刻毫厘之间，体现出作者对大自然由衷的热爱之情。

枝，前爪拿着球果啃得津津有味。

突然，一只球果从松鼠的爪中滑落到雪地上。松鼠似乎还没有吃饱，不情愿它就这样掉下去，于是有点生气地叫着，迅速地从一根树枝上跳到别的树枝上，又蹦到地上去捡它。

它在雪地上跳着蹿着，跳着蹿着，后腿一撑，前脚一托，一直往前跳。

松鼠在一个枯枝堆前停了停，瞅了瞅。它发现了一只露着一簇黑糊糊的毛皮和两只明亮的小眼睛的小动物……松鼠警惕着，它三步并作两步地向身旁的一棵树上跳去，俨然把捡球果的事情忘掉了。正在这时，一只貂从枯枝堆里猛地钻出来；紧跟在松鼠的身后，飞快地顺着树干向上爬，而松鼠早已蹦到树梢了。

貂也很快向树梢爬去。机灵敏捷的松鼠迅速蹿到另外一棵树上。

貂不甘示弱，把它那蛇一样细长的身体紧缩起来，脊背弯成了一个弓形，飞似的纵身跳了过去。

松鼠的身子非常灵活，顺着树干继续飞快地往前蹿着，貂紧随其后。而且，貂的身子看起来更加灵活。

松鼠跑到了树顶，不能再往前跑了，周围也没有别的树可跳。

身后的貂眼看就要追上来了……

这时，松鼠从一根树枝上快速地跳到了另一根树枝上，然后又蹦下。貂一刻也不停歇地紧追着。

松鼠在细小的树枝上跳来跳去，貂在粗大的树枝上追前追后。松鼠迫不得已跳到最后一根树枝上。

这时，它的下面是雪地，上面是敌人。

再也不能犹豫了！松鼠一跳到地上，就火速地向另一棵树上蹿去。

松鼠在地上，那可不是貂的对手了。只看到貂飞跑着猛扑到松鼠的身上。于是，可怜的小松鼠就变成了貂嘴下的美味大餐。

兔子的鬼点子

深夜，一只灰兔偷偷溜进了苹果园。它发现苹果树的皮很甜很好吃。在天亮之前，它啃破了两棵小苹果树，连下雪了都没有察觉到。它一股脑地啃呀嚼呀、嚼呀啃呀，感觉幸福得不得了！

这时候，公鸡已打了三次鸣，狗也跟着"汪汪"叫起来。兔子这才清醒过来。它想趁着人们还没起床之前，赶快跑回森林里。

大地一片白茫茫。在阳光照耀下，它那一身棕红色的皮毛格外亮眼，远远地就可以被人们发现。它心里多么想拥有一身雪白色的皮毛啊！像白兔一样，在这冰天雪地里，那就可以随处躲藏了！

这个夜晚下了今冬的第一场雪。此时，天气还是比较暖和的。走在雪地上，轻轻一踏，就能留下一行行浅浅的脚印。灰兔一路跑着，留下它那长长的一串脚印。在这一层温热的初雪地面上，每一个脚印和爪痕，都能看得清清楚楚。

灰兔穿过森林，跑过田野。在它身后是一连串的脚印。它刚刚吃过一顿饱饱的美餐，这会儿要是能在灌木丛中睡个觉该多美啊！但糟糕的是，它的一串串脚印随时都能让人们发现踪迹，不管它想藏在什么地方。

于是，灰兔左思右想，终于想出一个点子：把自己的脚印弄得乱糟糟的一片。这时，村里的人们已经纷纷醒来，果园主人早早来到苹果园一看，啊！怎么会这样！两棵好好的小苹果树皮都被啃得没有了！他往地上看了看，马上就清楚了，这是小兔子吃的，地上正留着清晰的兔子脚印。他用力地握紧拳头，生气地说："躲得过初一、躲不过十五，看我不扒了你的皮来惩罚你！"

他回到房子里找出枪，装上弹药，一路顺着兔子的脚印，开始寻找。

看！灰兔就是在这儿跳过篱笆的，然后再往田野跑去了。果园主人一进森林，发现灌木林里到处都是脚印，乱糟糟的一片。他心想，你这兔子的鬼点子可骗不了我，我会弄得明白的！

喏，这是第一个圈套：灰兔绕着灌木跑了一圈；然后它横着穿过自己的脚印，想把第一圈脚印弄得看起来更乱一点，这是兔子的第二个圈套。

果园主人把那两个圈套轻轻松松地看透后，手里端着枪，紧跟着兔子的脚印，随时准备射杀兔子。

突然，他站住了。这时他看到周围尽是一片白茫茫的雪地，兔子的脚印却找不到了。他心想，就算兔子飞似地蹿了过去，也应该在附近留下脚印啊！这究竟是怎么回事呢？

果园主人弯下腰仔细查看，顿时，他又发现这是兔子的一个新鬼点子：兔子竟然顺着自己的脚印折返了，它每一步都准确无误地踩在原来的脚印上。猛地一看，还真的不好辨认这"双重"脚印。

　　果园主人沿着兔子的脚印往回走。走着走着，却又回到了田野里。这么说的话，难道他判断错了？看来兔子应该还藏着一个鬼点子没有破解出来。

　　他调回头，又顺着"双重"脚印走去。没走几步远，他发现真相竟然是这样的。哈哈！原来兔子的"双重"脚印没有了，再向前走，脚印又是单层的了。嗯！这么说来，灰兔就是在这儿跳往别处了。

　　不出果园主人所料，兔子沿着脚印的方向一直穿向灌木丛，然后往一旁跳了过去。现在兔子的脚印变得均匀起来。突然，又一串"双重"脚印出现，兔子再一次玩起小把戏。穿过灌木丛，再往前，兔子开始跳着走。

　　果园主人告诉自己说："现在可得再细心一点儿看……"他发现兔子又往旁边跳了一下。这一次，你可瞒不过我的双眼！八九不离十，兔子在一个灌木丛里藏着。

　　真是这样的，兔子就藏在这周围。不过，不是猎人所想的应该在灌木丛里，而是在一堆枯树枝下。

　　灰兔在甜蜜的梦乡中，听到沙沙的脚步声，那声音越来越近，越来越近……

　　灰兔睁开睡眼，抬头一看，只见穿着毛毡皮靴的脚正一步步向自己靠近，黑色的枪杆子几乎抵着雪地。

　　灰兔从枯枝堆里蹑手蹑脚地钻出来。突然，箭似的飞快缩了回去。只见它短短的白色小尾巴在灌木丛里一闪，就再也没影儿了！

　　果园主人一无所获，只好闷闷地回家去。

名师释疑

蹑手蹑脚：形容走路脚步放得非常轻。也形容偷偷摸摸、鬼鬼祟祟的样子。

吊在细丝上的房子

有一种小房子，墙壁就像一张薄纸。它吊在一根细丝上，风一吹就左摇右晃。在这个几乎没有任何御寒设备的房子，能够过冬吗？

出人意料的是，这种小房子的确可以过冬。像这种简陋的小房子，我们也见过不少。它们是用枯叶做成的，在像蜘蛛丝一样的细丝缠绕下，吊在苹果树枝上。一旦被发现的话，农庄的人们就会把它们取下来毁掉。原来，在这小房子里的住户竟是一些破坏分子——苹果粉蝶的幼虫。如果放过它们，来年春天，它们就会啃坏苹果树的芽和花。

任何事都是正反两面相对的，有利亦有弊。果园也是这样。

昨天半夜里，竟有动物到果园搞破坏。一只大兔子钻进来了。它很想啃下美味的苹果树皮。可是，它发现这些苹果树干像云杉那样坚硬磨嘴，在一连试吃了好多次后，只得无奈离开。

农庄的人们为防止破坏分子进入他们的果园，就削了很多云杉树枝把苹果树围了起来。

棕黑色的狐狸

在郊区的农庄建起了一座养兽场。昨天，这儿运来一批棕黑色的狐狸。好多人跑过来看热闹，就连没上学的小孩儿也都来了。

狐狸用多疑的眼光，有点怯怯地打量着在它们面前的人们。只有一只狐狸，一点儿也没有怯生，它静悄悄地打起了哈欠，准备美美地睡一觉呢。

"妈妈！"一个戴着无边帽的小孩儿大声说，"千万别把这只狐狸放在脚上，它会咬人的！"

不用盖被子

上个周末，有个叫米克的九年级学生到曙光农场去溜达着玩儿。他在树莓边遇到队长弗多谢齐。

米克装作非常专业地向队长询问起来："老爷爷，寒冷的冬天会把树莓冻坏的，你不怕吗？"

"冻不坏的，树莓可以在雪的掩埋下平平安安地度过冬天。"弗多谢齐回答道。

"在雪底下过冬？这些树莓比我长得还高，难道雪会下这么深？"米克疑虑着说，"您觉得，这可信吗？会不会您说错了？"

队长弗多谢齐笑着说："我说的是冬天里下的普通雪。聪明的年轻人啊，你认为冬天里睡觉盖的被子会比你站着的时候厚，还是比你的身长薄，你来给我说说？"

"这怎么和我的身长联系上了，它们有什么关系呀？我明明是躺着盖被子睡觉的。老爷爷，您清楚了吗？我是躺着盖被子，而不是站着盖被子。"米克得意地笑着说。

"年轻人，像你一样，树莓也是躺着盖被子的，不同的是，它盖的是雪被。你是自己躺在床上，树莓是被我压弯拴在地上，它们不就躺下来了吗？"弗多谢齐笑着回答说。

"老爷爷，您比我想象中的还要聪明一点儿。真不简单！"

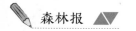

米克听后说。

弗多谢齐向他轻轻摇了摇头，说："遗憾的是，你可没有我想象中的聪明呀。"

特约通讯员　尼·巴甫洛娃

狩　猎

猎灰鼠

灰鼠这种动物很重要吗？

可是，捕灰鼠在我们的狩猎事业中，比捕其他任何野兽都占分量。就仅仅拿它的尾巴来说，全国每年消耗的灰鼠尾巴就几千捆。用这些尾巴可以做帽子、耳套、衣领及其他保暖生活用品。

而且，去掉尾巴的毛皮还有别的用途，可做成皮大衣和女士披肩。做成的女大衣不仅暖和又轻便，而且看上去淡雅、大方、美丽。

下第一场雪的时候，人们就开始猎灰鼠了。就连十来岁的少年和年岁半百的老人也会耐不住，跑到灰鼠经常出没的地方去猎捕。

有的猎人聚集到一起去，有的则独自一人行动，在森林里一住就是好几个星期。他们滑着又宽又短的雪板，一整天地走来走去，不时地瞄准灰鼠放枪，又一边布置陷阱机关。

夜晚，他们在土窑子或是矮屋借宿，并且大雪时常会吹埋小屋。在这小空间的地方，他们用像壁炉似的炉子生火煮饭吃。

北极犬是猎人逮捕灰鼠的第一忠诚助手。如果猎人没有了北极犬，就像失去了眼睛一样。

北极犬是一种北方的狗，但它很特别。冬天，在原始密林或森林里狩猎，它的协助本领是世界上其他猎狗所望尘莫及的。它会帮助你找到白鼬、鸡貂、水獭的洞穴并咬死这些小兽。夏季，它会钻到芦苇丛里撵出野鸭，从密林里赶出琴鸡。这种猎狗不怕冷水，哪怕河水还在结着薄冰，它也能游过去把打死的野鸭捡回来。在秋季和冬季，北极犬可以协助主人打黑琴鸡和松鸡。那时候，这两种野禽可是不怕普通猎狗的注视、狂吠的。但是北极犬就不一样了，北极犬蹲在树下，汪汪大叫吸引着野鸡的全部注意力，好使主人放枪打中它们。

名师释疑

鸡貂：一种害羞的动物，它们经常是在夜间活动，人们很少能够见到它们。它们的近亲是雪貂。

初冬或者下大雪的时候，你带上北极犬去狩猎，它都可以帮助你轻松找到麋鹿和熊。

假若遇到野兽攻击，忠诚的北极犬会尽心尽力地保护你，甚至牺牲自己的生命。它会朝野兽的身后紧紧咬去，好让主人装弹药打死野兽。不过，最令人惊喜的是，北极犬能帮助猎人找到灰鼠、貂、黑貂、猞猁等平时待在树上的野兽，这是其他猎狗都无法做到的。

名师指津

这是一段描写性文字，通过对比描写，突出了北极犬相对其他犬类而言，更加聪明、灵活、忠诚的特点。

深秋或是冬天，在云杉林、松树林或混合林里走动，到处都是沉寂的。哪怕什么东西掠过发出的声响，也一点儿都听不到，好像这地方是荒漠，了无生机。

可是，在这样的一片森林里，如果你要带一只北极犬去，就不会觉得寂寞了。北极犬会跑到树根下找到白鼬，会一口咬住林鼷鼠和从洞穴里唬出白兔，还会搜索到那些躲在稠密松枝上不露面的“隐身”灰鼠。

但猎狗既不会飞也不会爬树，如果躲在空中的灰鼠不到陆地上来，那么北极犬要怎么才能逮到它呢？

追捕野禽的波形长毛猎狗和跟踪兽迹的兔缇，都有超强的嗅觉。鼻子对它们而言，就是最有用的"工具"。纵使耳朵聋了，眼睛瞎了，只要鼻子还长着，它们就会正常地工作。除了嗅觉超强的鼻子，北极犬还拥有长毛猎狗和兔缇所不具备的另两样"工具"：敏锐的视力和机警的听力。北极犬能同时使用这三样"工具"进行工作。形象地说，它们更像北极犬的"三个仆人"，而不是简单的三样"工具"。

灰鼠刚刚动了动爪子挠树干，北极犬竖起耳朵警惕起来，这已在向主人秘密传输侦察信息："这儿有小兽。"灰鼠的小脚在树叶间突然闪了一下，北极犬马上转过眼睛给主人传递信息："它是灰鼠。"忽然刮了一阵小风，灰鼠的气味立刻被吹了下来，这下就更加坚定北极犬的判断了："灰鼠真的在这里！"

北极犬成功发现树上的灰鼠后，马上支配起它的第四个"仆人"——声音，绝对忠诚地为主人效劳起来。

一只优秀的北极犬，是绝不会马上就向藏着野禽、小兽的树上乱扑乱抓的。因为这样，很有可能会把那些猎物吓跑。在这种情况下，优秀的北极犬会蹲在树下，眼睛一刻也不眨地看着猎物藏身的地方，竖直耳朵，每过一会儿就叫几声，向主人报信。除非主人过来呼唤它，否则，它不会起身离开。

捉灰鼠的方法还不太难：北极犬发现灰鼠后，灰鼠的注意力就会完全被吸引。猎人只要静悄悄地走过去，不要发出大动静，用枪瞄准射击就好。

打中并不容易，但是猎人可以使用小铅弹击中小兽。而且，打中灰鼠的脑袋，可以避免皮毛的破损。冬天，灰鼠受了伤，不会轻易就死掉。所以，准确无误地瞄准、打中才可以。不然的话，它就会钻进针叶丛里藏起来，就再也捉不到它了。

猎人们还有用捕鼠机和其他捕鼠器捉灰鼠的。捕鼠机是这样安装的：在两棵树之间，把两块厚短的木板固牢。上面的一块板通过下面一块板上的细棒支撑着，不要掉落下来。而在细棒上系着香喷喷的诱饵（比如干鱼片和干蘑菇……这些都是灰鼠喜欢吃的美食），当灰鼠发现美味并咬住的同时，上面的木板就会砸下来，正好把灰鼠夹在中间。

在整个冬天，只要雪下得不深，猎人们就会去逮灰鼠。到了春天，灰鼠就要进入脱毛期了。在深秋来临之前，也就是它们全身重新长出冬季那种淡蓝色的皮毛之前，猎人不会再去捕灰鼠了。

带斧头打猎

猎人们打凶猛的小皮毛兽，用斧头的比用枪的多。

北极犬凭着敏锐的嗅觉能找到藏在洞穴里的鸡貂、白鼬、伶鼬、水獭。至于用什么方法把小兽从洞穴里赶出来，那就是猎人的事情了。做这件事可并不是那么轻松的。

这些凶猛的小兽常常会钻到地下、乱石堆里或树根下给自己筑穴。当它们感到将要遭到危险，但不是万不得已的时候，它们绝不会轻易离开。那时，猎人就不得不用铁棍或探针放进洞里上下戳，甚至得移开石头，拿着斧头劈开树根，破坏结实的泥土，或者用烟熏小兽才行。

◀名师释疑◀

万不得已：实在没有办法；不得不这样。

不过，只要小兽一跳出来，就没有任何地方可以躲藏了。因为守在外面的北极犬一定会把它咬死。

猎　貂

森林里的貂比较难对付些，它捕食鸟的地方是很容易被发现的。因为那地方的雪常常被踩得乱七八糟，有时还有血的痕迹。但是，它吃饱后就会藏起来，这时就得要有一双锐利的眼睛才能发现它的脚印。

貂像灰鼠一样在树与树之间跳来跳去。不过，尽管它会一路翻腾，还是会在雪地上留下很明显的痕迹：折断了的小树枝，掉落的绒毛、球果，不小心抓下的小块树皮……这是有经验的猎人判断貂在空中的路线的依据。有时这条道路会有好几公里长，必须要足够细心，依据"线索"才能准确无误地找到它们。

塞索伊奇第一次发现貂的脚印时，没有带猎狗。于是他决定自己一个人去追捕那只貂。

他乘着滑雪板挺有胜算地往前滑了几十米，在那儿的雪地上，发现有貂的脚印。他慢慢地一边走，一边认真地留意貂不易被发现的痕迹。那天他不断地<u>唉声叹气</u>，遗憾没有把自己的北极犬带在身边。

天快要黑了，塞索伊奇还在森林里寻找貂的踪迹。

他就在森林里生着一堆篝火，从怀里掏出一块面包吃了起来。不管怎么样，他得挨过这个漫漫黑夜再说。

清晨，貂的痕迹把塞索伊奇吸引到一棵粗大的枯云杉树前。还算走运吧！他发现这棵树的树干上有个洞，心想：貂肯定会在这儿睡觉，而且很有可能还没有起床。

塞索伊奇右手握着枪，左手拿着一根树枝在树干上敲了敲，然后扔掉树枝。他两只手端着枪做好准备，准备等貂蹿出来，就立即射杀它。

可是，貂并没有向他所想象的那样蹿出来。

塞索伊奇再一次拿起树枝重重地敲了下。

貂还是没有出来。

"唉，奇怪！难道它睡熟了？"塞索伊奇有些生气了，心想："快点醒来，大睡虫！"

说着又拿起树枝把树干敲得"砰砰"直响。

原来，貂不在这个树洞里。

这时塞索伊奇突然意识到什么，他赶紧起来看了看云杉的周围。

云杉是空心的，而在树干另一边的树枝下面，却还有一个洞口。树枝上的雪，应该是被貂碰掉的，貂从那一头树洞跑掉了。又粗又大的树干遮住猎人的眼睛，所以才不容易发现这一点。

塞索伊奇没法子，只好继续往前跑去。

最后，塞索伊奇发现一个明显的痕迹，貂应该就在他身边不远的地方。这时天黑了下来，猎人路过了一个松鼠洞。其实，那只貂就在这个松鼠洞里。原来，貂一直在追捕着一只小松鼠，最后小松鼠精疲力竭，从树上掉了下来。貂迅速蹿过去逮住松鼠，并在树洞里吃掉了它。

塞索伊奇认为自己顺着这条路追下去一定没有错。可是，他不能继续追下去了，因为从昨天开始他就没吃一点儿东西。天又冷，在森林里这样过夜，一定得被冻死。

塞索伊奇很懊恼，一边大骂着，一边顺着来时的脚印往回走。

一路走着，他心想："只要追到这只小兽，给它一枪，什么都解决了。"

塞索伊奇又一次走过那个松鼠洞的时候，狠狠地向洞里放了一枪，根本就没有瞄。他只不过是想发泄一下闷气而已。就在这时，从树上掉下一些树枝和苔藓。让塞索伊奇很是意外的，一只小兽比树枝和苔藓先落下来，竟然是貂。貂抽搐着，快要死了。

到后来，塞索伊奇才搞清楚：貂杀掉松鼠，把肉吃了后，就钻到松鼠皮里暖和地睡觉了。这种事情是经常会遇到的。

白天和黑夜

12月中旬，积雪已经有膝盖那么高了。

黄昏时，黑琴鸡一动不动地窝在白桦树枝上，点缀着玫瑰色的天空。后来，它们突然一只紧跟一只飞到树下，渐渐地，一点影儿也看不到了。

这是一个黑漆漆的夜晚，没有月亮。

在黑琴鸡降落的空地上，塞索伊奇手里拿着火把和捕鸟网。亚麻秆热烈地燃烧着，把黑夜照得一片明亮。

塞索伊奇拿着火把一边走一边听。

突然，在离他不到两步远的雪地上，一只黑琴鸡钻了出来。它的眼睛好似被火把晃得睁不开，像只黑甲虫在原地一直打转。猎人迅速走到跟前，用网把它罩起来。

塞索伊奇在夜晚就用这种方法活逮到很多黑琴鸡。而白天，他就会一边坐着雪橇一边朝黑琴鸡打枪。

树上的黑琴鸡绝不会傻到让人们走到跟前开枪打它们。可是，如果一个猎人乘着雪橇，哪怕上面载着很重的东西急速跑过来，那时黑琴鸡可就别想逃命了！

本报通讯员

大写意手法，泼彩渲染出绚丽的黄昏景象，黑琴鸡是点，白桦树是线，天空是面，点线面处理得体而层次分明。

名 师 赏 析

"落叶风"从森林里扯下了最后几片枯叶。阴雨天持续了好几天。一只乌鸦湿漉漉、孤单单地蹲在篱笆上，显得那么落寞，我们知道，它很快要上路了。在我们这里度过整个夏天的灰乌鸦，已经悄悄地飞往南方了；而一批生在更北方的灰乌鸦则悄悄地飞来了。原来，灰乌鸦也是候鸟。在遥远的北方，灰乌鸦跟我们这里的白嘴鸦一样，都是最后才飞走的鸟儿。

作者在这里尽情展现了生命的庄严和富丽，时时唤起人们对于生命的热爱。即便在浓墨重彩的打猎故事中，也充满了对于自然和生命的敬畏。整篇文字充满着生命的喧阗，始终洋溢着欢乐的气氛。作者在充满生机的文字里呼唤着远离森林的人类对自然文明的返璞归真。

▶▶学习借鉴

好词

五彩斑斓　离群寡居　截然不同　风和日丽

光天化日　众目睽睽　旗开得胜　接连不断

漠不关心　魂飞魄散

好句

★ 这里满眼是绿色，满眼是蓬勃的生命，一片节日的喜庆，哪看得出沙漠的模样——简直就是春天！

★ 高大的云杉树上传来了温柔的歌声，如怨如诉，轻柔而带着忧郁，好像雨滴打在水面上的声音。

思考与练习

游隼的捕猎方式是怎样的？

冬

━━━━◆━━━━ 名师导读 ━━━━◆━━━━

　　来到了森林报的第四版，森林的冬天降临，作家在"写在雪地上的书"中把冬天看作一本书：下一场雪，就翻开书本新的一页，各种动物在"一张张白色的书页上写着许许多多神秘的字符、连字符、点号、句号"。它们各有各的写法，也各有各的读法……狼的足迹，需要用特别的智慧去观察，因为狼喜欢耍阴招，看起来只有一只狼走过的脚印，而在作家的眼里，却是"有五只狼从这里走过"。走在前头是一只聪明的母狼，它身后跟着一只老公狼，走在最后是三只狼崽，它们一个脚印踩着一个脚印走……

冬季第一月　初现霜露

12月21日至1月20日

哦，冬天！

　　12月给大地铺上厚厚的冰板，钉上一根根银针，造就一幅冰天雪地的景象。12月是一年的最后一月，同时也是冬天的第一个月。

此时，水完成了自己的使命，即使奔腾的河流也被冰封。土地和森林盖上一层雪做的毯子。太阳躲到乌云背后。白天一天天变短，黑夜一天天变长。

白雪之下，无数生命获得安息。那些一年生的草本植物，按照其生命周期发芽、生长、开花、结果、枯亡，最后化为来年生长所需的泥土。那些一年生的无脊椎小动物，如期走完生命历程，腐烂成灰，融入土地。

不过，植物的种子和动物的虫卵也埋进了泥土里。待到来年春天，太阳将像童话故事《睡美人》中那位英俊潇洒的王子一样，轻轻一吻，便唤醒泥土之中沉睡的植物的种子和动物的虫卵，创造出新的生命。对于多年生的动植物来说，北方漫长的冬季不会带来什么威胁，它们掌握着自我保护的办法，平安迎来春回大地的那一刻。这个时候的风还没有显示出巨大的威力，而太阳即将迎来生日——12月23日。

太阳会重新回来。到那个时候，万物将逢新生。

话虽这样说，但还是要先平安度过冬天。

名师指津

对于生命轮回的体味，冷静而理智，引人深思。

白净的书页

整个大地罩上一层厚厚的白雪，整齐而均匀。这个时候，无论是一望无际的田野，还是林中的空地，平平整整，干干净净，就如同一本打开的没有墨迹的书。如果有人从上面走过，书页上便会留下"某某路过此地"的字迹。

白天一场雪过后，之前的字迹被掩盖，书页重回白净。

当第二天早上再来这里，你会发现白净的书页上印有线

名师指津

暗喻修辞，生动而形象，描绘出一个素洁而安宁的情景。

条、点号、圈圈等符号，各种各样。由此我们可以知道，前一天夜里，林间的各种居民路过此地。它们或缓缓而行，或奔走蹦跳，忙着不同的事情。

究竟前一天夜里哪些居民来过这里，它们又做了些什么事情？

答案就在这些各种各样的符号当中，读完这些神秘的字句，我们便能一清二楚。不过，我们的行动要迅速，否则下一场雪过后，符号会全部消失，出现在我们眼前的，又会是一面白净、平摊的书页。至于那面写满字迹的书页，好像被人翻了过去。

不同的读法

林间的各种居民用各式各样的笔法，在白净的书页上留下形态各异的字迹。对我们人类来说，需要用眼睛来阅读这些字迹。如果不用眼睛，还能用什么呢？

可是对动物而言，它们能用鼻子来阅读。举个例子，狗便是这样。狗把鼻子贴在书页上，嗅嗅上面的字迹，就能知道内容："前一天夜里有只狼路过这里"，或者是"有只兔子刚刚从这里飞奔而过"。

这些兽类的鼻子学问可大啦！它们从来不会读错。

不同的写字工具

兽类多是用脚写字。但不同的是，有些用五个脚趾，有些用四个脚趾，有些干脆用脚掌。除此之外，还有些兽类用鼻尖、尾巴、肚皮等工具来写字。

鸟类常常用脚和尾巴写字，有时候也会用翅膀。

不同的笔法

一张张留有字迹的书页，记录了发生在林间的各种事记。通过阅读这本自然之书，林间的居民了解到发生在其间的各种新闻。但要读懂这本书，并不是一件容易的事情。原因在于，林间居住着各种居民，它们用各式各样的笔法写字。如果写的是方方正正的楷书还比较好认，可事实上不少居民的笔法跟草书一样东一笔、西一笔。

相对于其他居民，灰鼠的笔迹最好认，也最好记。它像青蛙一样，在雪地上蹦蹦跳跳。起跳时，它那两只短短的前脚支撑身体，长长的后脚远远地向前分叉开来，而且分叉的距离很大。留在雪地上的笔迹，前脚脚印为两个并排的小圆点，后脚脚印像是两只伸着细长指头的小手掌。

田鼠的笔迹小而简单，一眼便能认出。出了洞府，它一般先会在洞口周围巡视一周，然后再向目的地进发，或者临时改变计划，选择打道回府。这样一来，平整的雪地上便留下一连串的冒号，而且冒号与冒号之间的间隔相等。

鸟类的笔迹也不怎么复杂，就拿喜鹊来说吧。喜鹊的三个前脚趾印在雪地上成一个小十字，一个后脚趾印在雪地上成一个短小的破折号；两个翅膀印在雪地上成两个类似手指头的符号，分列在小十字两边。另外，它那长长的尾巴也时不时会与雪地摩擦两下，留下一些轻描淡写的符号。

以上这些笔迹基本上规规矩矩，很容易辨认。稍看一眼，你就会知道这里曾有一只松鼠光临，它从树上爬下来，在雪地上一阵撒欢儿，又爬回树上；那里是老鼠的地盘，它从洞里钻出来，巡视了一下周边情况，又回到了洞里；那里的笔迹是喜鹊留下来的，它落在雪地上，跳来跳去，尾巴拖在地上，

还不时拍打几下翅膀。

与以上那些笔迹相比，狐狸和狗的笔迹像是草书，如果不仔细查看，你一定会被搞得晕头转向。

狐狸和狼的笔迹

狐狸的脚印与小狗的脚印看起来很像，很难区分。它们仅有的一点区别在于：狐狸的脚印相对紧凑，几个脚趾间距较小；而狗的脚印要浅一些，几个脚趾呈张开状。

狼的脚印与大狗的脚印看起来很像，很难辨别。不过，仔细对比就会发现，狼的脚印要比狗的脚印长，原因在于狼的脚掌向中间并拢，脚掌和脚爪上那几块肉茧子留在雪地上的印迹较深。另外，与狗的脚印相比，狼的脚印中前爪和后爪间隔得远一些。狼的前爪一般并拢在一起，而狗的前爪一般是分开的；狼爪上的肉茧子往往并拢在一起，而狗的却往往分开且在雪地上印得较浅。

这有些像我们最初认字时的课本——"看图识字"。

狐狸和狼都爱耍些花招，常在自己的脚印上做些小动作，让人看了摸不着头脑。

狼的习性

狼漫步或小跑的时候，有这样的习性：左后脚踩进右前脚的脚印，右后脚踩进左前脚的脚印，一步一步，整整齐齐。因而狼的脚印常常呈一条直线，像是事先有人在这里拉起一根绳子，然后狼沿着绳子漫步或小跑。

当这一条脚印出现在你面前，你或许会毫不犹豫地说："这一定是一只健壮结实的狼留下的。"

如果你真那么想，那就大错特错了。你应该得到的结论是：

"这是五只狼留下的脚印。"打头的是一只富有智慧的母狼，紧跟其后的是一只上了岁数的公狼，殿后的是三只<u>乳臭未干</u>的狼崽。这五只狼行走时，走在后面的狼总是踩着前面那只狼的脚印，整整齐齐，准确无误。我们看到这脚印，怎么也不会想到这是五只狼留下的。只有多多观察，锻炼眼力，才能做一名出色的猎人。对出色的猎人来说，分辨雪地上兽类的脚印是最基本的技能。

◖名师释疑◗

乳臭未干：身上的奶腥气还没有退尽。形容人幼稚不懂事理，对年轻人表示轻蔑的说法。

树木的过冬方式

冬天的时候，树木会被冻死吗？

答案是肯定的。

当一棵树从外到里被冻透了，它便活不成了。在苏联这个地方，有时冬天异常寒冷，再碰上下雪较少，很多树木都会被冻死，不过其中小树居多。一般的树木都有自己的防寒妙招，抵挡寒气侵入树心部位。否则，所有树木都难逃寒冷这一劫。

树木吸取营养，生长发育，开花结果——每一个过程都要消耗大把能量。夏天的时候，它们会积攒足够的能量。冬天的时候，它们停止吸取营养、生长发育、开花结果等一切消耗能量的活动，进入睡眠状态。

树叶进行呼吸作用，会消耗大量能量。因此，树木会在冬天到来前脱掉一身绿叶。换句话说，树木抛弃一身绿叶，目的在于减少过多的能量支出，把更多的能量保存在体内。从另一方面来说，落叶腐烂在泥土里，会放出一定的热量，以保护树木的根部，防止根部被冻坏，可谓是一举两得。

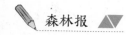
树木防寒的对策不止这一点。每棵树都身穿一层厚厚的铠甲，保护自身免受寒冷危害。夏天，树木会在树皮下生成一层木栓层。它是一层死的组织，既不透水也不透气，能够有效防止树木体内的热量向外散失。木栓层的厚度随着树木年龄的增大而增厚，因而细嫩小树的御寒能力要比粗壮的大树差很多。

除了木栓层这层铠甲外，树木还有一层化学御寒防线。当严寒穿透木栓层时，这层化学御寒防线便会发挥作用。入冬之前，树木会在体内储存大量盐类和糖类物质，它们有着很好的御寒能力。

然而，以上所说并不是树木最好的御寒措施。对树木来说，一层厚厚的雪做的棉被胜于一切。我们都知道一个常识：冬天时，果农们会把御寒能力差的小果树压弯，贴近地面，然后在上面盖上一层厚厚的积雪；经过这样处理，细嫩的小果树就不怕寒冷了。冬天雨雪充足的时候，整个森林都被一层厚厚的像鸭绒被一样的白雪罩上；那个时候，即使冰冻九尺，树木照样觉得暖暖和和。

无论遇到多么残暴的寒冬，我们北方的森林都不会发抖！

无论遇到多么剧烈的暴风雪，我们的"森林王者"都不会弯腰！

直接抒情，表达作者对森林的敬畏赞颂之情，感情强烈而真挚。

积雪覆盖下的农场

大雪过后，地面上只有一个颜色——白色。大地上，五彩缤纷的野花早已消失得无影无踪，翠绿茂盛的野草也已枯黄倒伏。

人们大都这么想，且常自我安慰道："就这样吧！春夏秋冬，这是自然规律！"

实际上并非如此，我们对大自然还是不够了解。

今天是个大晴天，气温有些高。在这样一个好天气，我踩上滑雪板，一路滑到自家的农场。接下来，我打扫了农场上的积雪。

积雪清理完毕后，整个农场露了出来。阳光照在腊月里的花花草草身上，亲吻着匍匐在冰冻地面上的一片片小小的绿叶，亲吻着偷偷从枯草丛中钻出来的新草芽，亲吻着倒伏在地的各种野草茎。

在这些花草丛中，我发现了那棵毛茛。入冬前，它还在开着花，现在依旧完好如初，没有散落一片花瓣。多亏了这层积雪，否则它早已冻死在寒冷空气中。

有人知道我这片小农场有多少种植物吗？告诉你吧，一共有 62 种。但我要强调的不是这个总数，而是其中有 36 种依然绿意盎然，有 5 种依然绽放着花瓣。

难道你还执意认为，冬天里除了白雪还是白雪吗？难道你还执意认为，我们的农场上花已凋谢、草已枯黄吗？

特约通讯员　尼·巴甫洛娃

森林简讯

这几件发生在森林中的大事，并非是我们杜撰的，而是我们的森林通讯员经过仔细辨认雪地上的脚印而得知的。

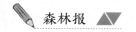

经验尚浅的小狐狸

森林中的雪地上，有一只小狐狸在寻找食物。当看到老鼠留下的字迹，它满心欢喜："这下可好了，终于有美味享受了。"

饥饿的小狐狸没有仔细去研究这到底是谁的足迹，这些字迹究竟讲了些什么内容。简单观察了一下，它便断定：脚印一直延伸到那片灌木丛，这只老鼠一定也躲在那里。

于是，小狐狸轻手轻脚地靠近那片灌木丛。

到达灌木丛边缘，它看到有个毛茸茸的小家伙一头扎在雪里，一身灰色的绒毛蠕动着，一根细小的尾巴不时摆动几下。瞅好时机，它向前一扑，一下逮住那个小东西，二话不说，上去就是一口——咔嚓！

啊呸，啊呸，啊呸！什么臭东西，这么恶心！一股恶臭扑鼻，小狐狸急忙吐出那个小家伙，接着连啃了几口雪……幸好有雪可以漱口。这是小狐狸闻过的最臭的味儿。

这下可好，小狐狸早饭没有吃到，还招了一肚子恶心。那只小家伙也怪可怜，白白丢了性命。

小狐狸这时才明白，那个小家伙并不是老鼠，而是鼩鼱。

远远看起来，鼩鼱的确像老鼠。不过，只要近前一看，便很容易将两者区分开来：鼩鼱的脊背是弓起的，嘴巴和脸部明显突出。鼩鼱主要以虫类为食，又称食虫鼠。遇到敌害，它会释放出一股怪味，有些像麝香。因而，大凡见过世面的兽类，一般对它都是敬而远之。

恐怖的脚印

一种特殊的脚印引起了森林通讯员的注意。这种脚印并

名师释疑

敬而远之：表示尊敬，但不愿接近。此处是一种调侃的说法。

138

不大，大小接近狐狸的。不过，那长长、尖尖的爪印让人看了着实害怕。如果这种爪子抓在谁的肚子上，一定会划破它的肚皮，勾出它的肠子。

这究竟是谁的脚印呢？带着疑惑，我们的森林通讯员沿着脚印，小心地寻找着它的主人。通讯员跟着脚印来到一个洞口前，脚印在这里消失了。这个洞看起来不小，而且很深，洞口边上粘着几撮细细的毛发。通讯员们捡起一根毛发，仔细察看一番。毛虽然细，但有一定的硬度，还有一定的韧性。毛的发梢儿是黑色的，其他部分都是白色的。这种毛，人们通常会用来做毛笔。

这时候，通讯员恍然大悟：恐怖脚印的主人，也就是这个洞府的主人，不是什么可怕的家伙，而是有些狡猾阴险的獾。可能是天气暖和的缘故，獾爬出了洞，散了散步。

住在雪里的雷鸟群

兔子最喜欢在积雪覆盖的沼泽地上奔跑了。它快速地从这个草甸跳到那个草甸上，又从那个草甸跳到别的草甸上。突然，"扑通"一声，它跳进了一个雪洞里，耳朵一下全没在雪里。

受了惊吓的兔子刚缓过神来，感觉到自己身子下有什么活物在动，刹那间只听"噼里啪啦"一阵乱响，一只只雷鸟从雪洞的四周冲了出来，个个拍打着翅膀，急忙飞散开来。惊魂未定的兔子再次受了惊吓，拔腿就跑，钻进森林。

这是什么情况呢？原来，兔子陷进的雪洞，正好是雷鸟群的巢穴。白天，它们飞出巢穴，在雪里寻找蔓越橘吃。吃饱后，它们便回到巢穴歇息。

把家安在积雪底下，既暖和又没人打扰。除了误入家门

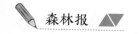

的兔子，谁会知道它们住在这里呢？

雪坑爆炸，母鹿逃生

这块雪地上的脚印很复杂，像是在叙说一个未解之谜。就连我们的森林通讯员，查看好长时间，依旧闹不清事情的来龙去脉。

先发现的脚印是一种兽类的蹄印，比较小，步伐悠闲而稳当。这种笔迹比较好认，内容也易于读到：一只母鹿在林间散步，全然不知灾祸就要降临。

没走多远，另一种兽类的大脚印出现在母鹿的脚印旁边，这时母鹿的脚印变得凌乱，像是奔跑的状态。

很显然，散步的母鹿遭遇一只猎食的狼。狼起身一跃，向母鹿扑过来。母鹿身手敏捷，躲了过去，飞奔而逃。

继续前行，狼的脚印越来越接近母鹿的脚印。狼紧跟母鹿之后，距离越来越近。

再往前有一棵倒伏的大树。到这里，母鹿的脚印和狼的脚印重叠在一起。看来在关键时刻，母鹿一跃而起，而狼也跟着跳起。

险象环生，跌宕起伏的故事，扣人心弦。

过了大树，是一个积满雪的大坑。坑里的雪飞散得到处都是，很是杂乱，像是一颗地雷的爆炸现场。

过了这个坑，母鹿的脚印和狼的脚印竟然指向不同方向。奇怪的是，雪地上出现了第三种脚印。脚印较大，像是某个人光着脚路过留下的。不过，它又与人的脚印不同，因为它有着恐怖的爪印。

大坑里真的埋着一颗地雷吗？第三种脚印从哪里来的？它是谁的？狼为什么没有接着追赶母鹿？这究竟是怎么一回事？

这些问题对我们的森林通讯员来说，确实是难题。他们冥思苦想，探索着这一道道难题。想了半天，他们意识到这些难题的破题之处在于，弄明白第三种脚印是谁留下的。只要弄明白这个问题，所有问题都会迎刃而解。

当时的情况是，擅长跳跃的母鹿跑到倒伏的大树前，飞身一跃而过。这一跃不但越过了大树，也越过了大坑。紧跟其后的狼也飞身跳起，跳过了大树，但由于身体太重，没能跳过大坑，而是"扑通"一下，直接跳到大坑里，掉进了熊窝。这就对了，那个大坑是熊的窝。

狼的闯入惊醒了熟睡中的狗熊，狗熊受了惊吓，猛地站起来。这时候，覆盖在狗熊身上的冰块儿、雪块儿、树枝，四散开来，飞落得到处都是。这幅场景，当然如一颗地雷爆炸一般。狗熊还以为猎人来了，疯狂地向林间跑去。

狼不光吓了狗熊一跳，也吓了自己一跳。一个高高壮壮的家伙突然出现在眼前，狼哪里还顾得上什么母鹿，夹着尾巴一溜烟跑得不知踪影。

而这时候的母鹿，早已经跑到了家里！

海外消息

名师指津

戛然而止的结尾，峰回路转。真是行当其所行，止当其所止，干净的笔墨。

日前，《森林报》编辑部收到一些来自外国的消息，内容主要关于那些从我们这里飞去的候鸟。

歌鸲——闻名苏联的歌唱家，现在暂居在非洲中部；百灵鸟，正在埃及过冬；椋鸟，分别在法国南部、意大利和英国享受温暖时光。

不过，它们在那里只是暂住。它们在那里从不歌唱，每天忙着觅食糊口；它们在那里没有筑巢，更没有养育后代。等到春暖花开的时候，它们会成群结队地回来，歌唱，筑巢，养育后代。俗话说得好："金窝银窝，不如自己的老窝。"

埃及——鸟儿的乐园

埃及，堪称是鸟儿的乐园。这里的尼罗河流域广泛，河水所及之处，土壤肥沃，草地丰茂。这里的湖泊和沼泽众多，咸水湖和淡水湖均有分布。这里的海湾也不少，地中海的海岸线曲曲折折。这些地方，为鸟儿提供了无比丰盛的食物。春夏之时，千千万万只鸟儿在此安营扎寨，生儿育女。冬天时节，包括我们那儿在内的许多地方的候鸟，也会飞到这里过冬。

埃及的鸟儿难以计数，拥挤的情形可想而知。人们甚至怀疑，世界各地的鸟儿都聚集到了这里，在开一场全鸟类大会。

水鸟聚集在尼罗河的支流上，湖泊和沼泽中，密密匝匝，严严实实地遮蔽了水面。嘴巴下吊着个大布袋的，是鹈鹕；与鹈鹕一起的是我们熟悉的紫翅鸭和水鸭。它们争相抢食着水中丰盛的鱼类大餐。漫步长脚红鹤中间的，是从我们这里飞过去的鹬。别看它们现在闲庭信步，如果非洲黑雕或者我们的白尾金雕出现，它们会立即拍打翅膀，一哄而散。

这个时候，要是有人闲着没事，故意朝天上放个空枪，一只只鸟儿会马上飞起来，密密麻麻，遮没太阳，只留下一片黑影在湖面；它们拍打翅膀的声音、叫声交织在一起，声势比几千面锣鼓同时敲响还要壮观。

从我们这里飞去的候鸟，便是在这样的乐园里过着这样的生活。

名师指津

形神各异，千姿百态，高妙的叙述手段，精巧而不露痕迹。

国家级鸟类保护区

埃及有鸟儿的乐园，我们广袤的土地上也有鸟儿的乐园，而且不比埃及的差多少。在那个地方，居住着许多过冬的鸟类，有红鹤、鹈鹕、野鸭、大雁、鹬、鸥和一些猛禽。

同样是冬天，那个地方却没有积雪和寒风，更没有暴风雪的袭击。那个地方有的是温暖如春的气候，和风细雨的港湾和湖泊，茂密丛生的芦苇和灌木；有的是丰富美味的食物，安全温馨的栖息环境。

那个地方是国家级鸟类保护区，区内禁止捕杀鸟类。生活在那里的鸟类很不容易，它们经过长途迁徙，只为度过一个温暖的冬天。

以上所说的便是我们苏联的塔里斯基国家级鸟类保护区。它位于里海东南岸，隶属阿塞拜疆，靠近林克拉尼亚。

震惊非洲的发现

一群从远处飞来的白鹳落在地上，令人惊奇的是，其中一只白鹳的爪子上竟然带着白色的类似戒指的金属圈。待人们抓住这只白鹳，取下金属圈，发现上面刻着："莫斯科，鸟类研究学会。"

这一消息很快传了出去，并震惊了整个非洲。

报纸上早已刊登了这篇新闻，由此我们可以清楚地知道，我们这里的白鹳冬天去了哪里。

这种在鸟类爪部做标记的方法，常被科学家们用来调查研究鸟类的迁徙习性，比如它们的迁徙路线经过哪些地方，它们的迁徙目的地是哪里等。

现如今，世界各地的鸟类研究学会已经达成一致，各自

名师指津

作者不厌其烦地说明对于鸟类研究、保护的措施和方法，明确呼吁人类保护自然，亟不可待！

制作铝制金属环，并刻上自己的机构名称、组别和数码，然后将其戴在鸟类的爪部。如果某个国家抓到这只戴有标记的鸟，应尽快联系环上标刻的机构名称，或者将鸟类的相关信息发在报纸上。

本报特约通讯员

东西南北——无线电通报

请注意！请注意！这里是列宁格勒《森林报》编辑部。

今天是 12 月 22 日，冬至。在这个特别的日子里，我们将与苏联各个地方一同播报本年度的最后一次无线电通讯。

苔原、草原、森林、沙漠、山丘、大海，都将受邀参加此次无线电通讯。

在这寒冬腊月，在这一年当中白天最短、黑夜最长的日子里，请告诉大家你们那里的情况。

大家好！这里是北冰洋极北群岛

我们这里进入了漫长的黑夜期。太阳挥手告别我们，落到海的那边。只有等到春回大地，它才会再回来。

海洋失去了往日的生机，被冰封起来。岛屿的苔原也安静下来，被冰雪覆盖。

这样的气候，还有些动物留下过冬。

海洋虽然被冰封，但海里还有动物活动，例如海豹。在冰还没有冻结实时，海豹会在冰上打几个小洞，以为之后换气所用。海豹时刻照看着这些小洞，防止它们被冰冻住。哪天在冰下憋得慌，海豹便跑到洞口呼吸一下新鲜空气，或者干脆从洞口爬出来，在冰上游玩片刻。

每当海豹出洞，公北极熊便会偷偷靠近。冬天到来后，母北极熊会钻进冰窟窿，睡上一冬天；公北极熊却不一样，它们四处活动、觅食。

苔原虽然被积雪覆盖，但雪下还有动物活动，比如短尾旅鼠。雪下是它们的世界，它们挖的隧道四通八达。那些埋在雪下的花花草草，是它们过冬的食物。不过，它们要当心北极狐。北极狐有灵敏的鼻子，常能嗅到它们的气味。发现目标，北极狐便会追踪定位，从雪里把它们揪出来。

北极狐除了吃短尾旅鼠，还捕杀苔原雷鸟。它们常常趁苔原雷鸟在雪下熟睡的时候，悄悄下手，而且成功率很高。

留下过冬的动物基本上就只有这些。本以为会留下过冬的北方鹿，这个时候早已沿着冰面跑到了树林中。

这里除了黑夜还是黑夜，一点光亮都没有，那我们怎么看东西呢？

其实，我们这里虽然没有太阳，但还是挺亮堂的。每当有月亮的时候，月光皎洁；没有月亮的时候，北极光常为我们照明。

北极光是一种充满神秘色彩的光。它不断变换颜色和形状，刚才还是一条飘扬的舞带，铺展在北方的天际；这会儿又变成瀑布，飞流直下；过一会儿又会变成一根银色的天柱，或者说一把耸立的巨剑。变幻的北极光照在洁白的雪上，经过反射照向地面的各个方向。这个时候，不是白天，胜似白天。

我们这里冷吗？是的，我们这里不是冷，而是特别的冷。狂风会光临，暴风雪会来袭。一遇到暴风雪，我们便遭殃了。整个屋子都会被厚厚的积雪淹埋，接连好几天，我们都不能开门。但是，不要忘了，我们是苏联人，我们是最勇敢的。

名师指津
看似不经意的一笔景色描写，实则表明一种人生态度：积极乐观的态度决定我们生活的幸福指数。

名师指津
迷离奇异的极地风光，变幻莫测而又美轮美奂！

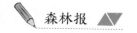

我们的地盘在向北冰洋北部不断扩展；我们的国家极地考察队员，都已经在北极搞了好长时间科研了。

这里是顿巴斯草原

我们这里是顿巴斯草原。虽然天空也在下着零星小雪，但我们对冬天毫不畏惧。我们这里的冬天很短，而且很平和，有些河流甚至都不结冰。从北方飞来的野鸭看到这里温暖的气候，不再南行。从北方飞来的秃鼻子乌鸦看到这里丰盛的食物，停了下来，飞进城市和乡村。这里到处都是它们可以吃的东西，而且资源充足，可供它们吃到阳春三月。到时候，它们一个个身强体健地踏上回家之路。

除了野鸭和乌鸦，雪鸦、铁爪鹀、角百灵、白色雪鸮也飞到我们这里过冬。它们都是从遥远的北方苔原飞来的。白色雪鸮的个头很大，白天外出觅食。它们已经习惯了在白天活动，因为北方苔原的夏天没有黑夜，只有白天。

一望无际的草原上如今白茫茫一片。田地盖上了厚厚的一层雪，人们不用再下地劳作。但对地底下的我们来说，冬天照样有很多工作要做。我们正在矿井中作业，先用机械挖出煤来，再用升降机把煤送到地上，然后装上火车，运往全国各地，运往每个工厂。

这里是新西伯利亚林区

一场场雪过后，树林里的雪越来越厚。猎人们集合到一起，踩上滑雪板，向林区进发。队伍后面是一辆辆载满食物和日常生活用品的雪橇，队伍前面是一条条开路的猎狗。猎狗的品种为北极犬，长着一对尖尖的耳朵和一条卷曲的尾巴。

林区生活着许多动物：灰蓝色的灰鼠，宝贝一般的黑貂，

名师指津
祥和而快乐的生命的乐园。作者用多角度的叙述手法。

可爱的猞猁，机敏的野兔，健壮的麋鹿，棕黄色的鸡貂，白色的白鼬，以及数不清的火狐、棕黄色的玄狐、可口的榛鸡和松鸡。鸡貂的毛可以用来做上等的画笔，白鼬的皮可以用来做暖和的帽子。以前，白鼬的皮用来制作沙皇的皮斗篷。

这时候的熊早就找到了一处隐蔽的洞穴，蒙头大睡。

猎人们这一来将是几个月，不得不住在树林里的木屋中。他们利用短暂的白天，四处放网，设立陷阱，抓捕飞禽走兽。北极犬则在树林里巡逻放哨，一旦发现松鸡、灰鼠、西伯利亚鼬、麋鹿，以及酣睡中的熊，便汪汪狂叫。

当猎人收工回家的时候，雪橇上一定会盛满了猎物。

这里是卡拉库姆沙漠

春天和秋天的沙漠，生命迹象遍布，称不上什么荒漠。

但是夏天和冬天的沙漠，毫无生机。炎热的夏天里，烈日当空，沙漠热得火烧火燎，飞禽走兽忙活半天，找不到丁点食物。寒冷的冬天里，处处冰冷刺骨，飞禽走兽依旧找不到什么吃的。

所以，每到冬天，能飞的飞走，能跑的跑掉，沙漠里死一般地安静。南边的太阳纵然光芒四射，照耀着这块一望无际的被积雪覆盖的荒原，但没有生物来享受这晴好天气。那边的太阳纵然带来温暖，融化掉荒原上的积雪，但雪下只有冷酷无情的沙子。乌龟、蜥蜴和蛇，老鼠、黄鼠和跳鼠，都已经钻进沙子深处，睡死过去，没有了意识。

这里有的，只是那毫无顾忌的狂风。在冬天，狂风是沙漠的王者，主宰着一切。

但这一切只是暂时的。人类正在向沙漠进军，他们引来流水，种下绿树。过不了多久，这里的夏天和冬天，将和春

名师指津

形容词描写，夏冬对比，两幅震撼的沙漠景致。

名师指津

作者对于人类改善环境治理沙漠充满信心和热切的希望。

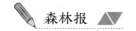

秋两季一样，充满生机。

这里是高加索山地

我们这里很特殊，冬天里既有冬天也有夏天，夏天里既有夏天也有冬天。在我们这里，高耸入云的山峰常年积雪，壮观之势不比苏联的卡兹列克山和厄尔布尔士山差。即使在炎炎夏日，烈日当空，也拿山上的积雪和冰山没有办法。到了寒冷的冬天，天寒地冻，却丝毫影响不到峰峦叠嶂、鸟语花香的海滨和谷地。冬天的到来，带来的改变无非是把活跃在山顶上的羚羊、山羊和绵羊赶到半山腰。山上大雪纷飞，谷地却细雨蒙蒙。

果园里的橘子、橙子和柠檬，已经采摘完毕，运送到全国各地。花园里的玫瑰，还在怒放争艳，引来蜜蜂嗡嗡绕飞。山坡的阳面，雪绒花和蒲公英已经开放，它们是报春的使者。在高加索山地，鲜花四季开放，母鸡四季下蛋。

难熬的冬天里，饥寒交迫的动物们用不着远赴他乡，另寻福地。因为在山底下和谷地里，就有它们需要的温暖和食物。它们只要走下山来，便可温饱度日。

许多从寒冷的北方飞过来的客人——苍头燕雀、百灵鸟、野鸭、勾嘴鹬，都住到了我们这里。我们高加索山区伸展怀抱，接纳了它们，为它们提供了食物和住处。

今天是 12 月 22 日，冬至日，一年当中白昼最短、黑夜最长的日子。但这又何妨，明天我们便迎来新年：白天，阳光明媚；夜晚，满天繁星。在北冰洋——祖国的北方，天寒地冻，狂风暴雪，住在那里的人整日待在家里。但在我们这里——祖国的南部，虽说不上和风细雨，但出门只穿一件外套即可。抬头望去，群山高耸空中，万里晴空，一弯新月挂

名师指津

绚丽多姿而温情无比的田园风光，体现出作者对这种生活的向往与歌唱。

名师指津

开阖有度，时空变换自如，风光别样，热爱与赞颂溢于言表。

在天边。俯首看去，微风吹拂海面，海浪轻拍海岸。

这里是黑海

确实，在我们黑海这里，微风吹拂海面，海浪轻拍海岸。沙滩上的一个个鹅卵石，在海浪的推动下刷刷地翻滚着，听起来像是一首缓缓的催眠曲。微波荡漾的水面上，一弯镰刀状的新月起起伏伏。这个时候，暴风骤雨的时节早已过去。想想那个时候，黑海里狂风怒吼，掀起千层滔天大浪。大浪拍向岸边的岩石，水花四溅，发出震耳欲聋的声音。当秋天过去，冬天到来，我们的黑海便安静下来。

我们这里并没有冬天，或者说，我们这里的冬天不是真正意义上的冬天。冬天的到来，只会降低些许海水的温度，在北海岸一带结上一层薄冰。无论春夏秋冬，黑海都是生机勃勃：海豚在海里嬉戏，黑鸬鹚在海里抓鱼，海鸥则在海面上飞翔。无论春夏秋冬，黑海都是一片忙碌：豪华的轮船和汽船在海上行驶，摩托快艇在海上飞驰，帆船在海上飘荡。

潜鸟、潜鸭以及浅红色的鹈鹕等宾客从远方飞来，度过一个舒适的冬天。与热闹的夏天相比，黑海的冬天并不逊色。

名师指津

别有一番情趣的异域风情，温和而生机勃勃的冬日景象。

冬季第二月　忍受饥饿

1月21日至2月20日

饥饿袭来

俗语说，1月是一年的开始，冬季的重头戏，是冬天转向春天的起点。新年伊始，白昼如同一只活蹦乱跳的小兔子，"蹭"地那么一蹿，猛然变长了。

皑皑白雪，笼罩在大地、森林和河水上，周遭的一切仿佛熟睡了一般。

万物停止了生长、发育，生命在最艰难的关头，会佯装死亡，以维系它们变得微弱的生命。

在白雪的重压下，松树和云杉将种子妥善地保管在球状小果子里。花草树木们都偷偷地贮藏着生长、发育的能量。

<u>冷血动物</u>大多躲藏起来。它们已经被严寒冻僵，无法移动、行走。不过，这并不意味着它们死去了，甚至像螟蛾这样幼小的动物，也死不了。而我们之所以在冬季难以见到它们，是因为它们躲到各种隐秘的角落里去了。

像鸟类这种血液热的动物，从来不冬眠。很多动物，像小老鼠，整个冬季都是东跑西跑的。而掩藏在厚厚雪地里的熊洞中的母熊，在寒冬时节，竟然生下了一窝小熊仔。奇怪的是，熊妈妈可以一整个冬天不吃不喝，却能用自己的乳汁

喂养宝宝们，直到第二年的春天如约而至。

林子里真冷啊！

刺骨的冷风在荒野上呼啸，在光秃秃的白桦树和白杨树组成的树林间狂奔。寒风钻进鸟类密实的羽毛里，仿佛要把它们的血液冻成冰。在冰雪的世界里，它们不断的奔跑、跳跃、飞翔，想方设法地使身体产生热量，暖和起来。它们一刻也不敢在地上、枝头停留，生怕冻坏了脚爪。

不过，要是有哪只鸟儿为自己预备了暖和、舒适的巢穴，以及储备了丰富的粮仓，那它的日子可就美妙了。它可以吃得饱饱的，然后把头埋进蜷缩的身子里，睡大觉。

吃饱才会暖和

动物们只要肚子饱饱，就所向披靡，什么也不怕了。一顿饱饭会让它们的身体由内而外的发热，先是血液热了，"暖流"在周身的血脉中流动，使整个身体都温暖起来。动物的皮肤下面有一层能够储存热量的脂肪，是抵御风寒最有效的"保护罩"。如果将动物最外面的皮毛、羽绒喻为温暖的大衣，那么这层皮下脂肪就是最好的大衣里子。

如果动物们的食物充裕，那么冬天对它们来说就不恐怖了。只是，冬天到哪儿去寻找食物呢？

森林里空荡荡的，飞禽走兽，藏的藏，走的走。白天，乌鸦在天空徘徊；夜晚，雕鸮在空中逡巡。狐狸和豺狼不断在林子里游荡。它们都在觅食，可哪里有食物啊？

在空荡荡的林子里，饿啊，饿！

一个又一个

忽然，乌鸦发现一具马的尸体。

"呱！呱！"一大群乌鸦，扑在马尸上开始吃晚餐。

很快黄昏来临，天渐渐黑了，月亮即将升入高空。

只听森林里传来了叹气的声音："呜咕……呜，呜，呜！……"雕鸮赶走了乌鸦，飞出来扑在马尸上。它用尖利的嘴巴撕扯着马肉，耳朵一抖一抖的，使劲地眨着白眼皮。

雕鸮刚刚填饱肚子，"沙，沙，沙"的脚步声就从雪地上由远及近地传来。雕鸮飞上树端，一只狐狸靠近了马尸。

"咯吱咯吱"一阵磨牙声，狐狸还没吃饱，一只凶狠的狼就冲了过来。狐狸赶忙逃进灌木丛，看着饿狼扑上马尸。

饿狼警觉地竖起了浑身的毛，刀子一样的牙齿，撕下一块块马肉，吃得满意极了！它急不可耐地咽下每一口肉，喉咙里传出"咕噜咕噜"难听的响声。吃了有一会儿，狼像是听到了什么危险的信号似的，忽然抬起头，朝着不远处"咯咯"地磨着牙齿，仿佛在警告其他的动物不要靠近。然后，它又埋头大吃起来。

哪知道，正当狼吃得高兴时，从它的头上传来一声凶猛的叫声。狼吓了一跳，腿软得差点摔倒在地。它立马夹起尾巴，飞快地逃跑了。

原来是熊来了，它是森林的主人。

熊的到来，使森林里任何动物都不敢再靠近马尸。刚刚逃走的狼，远远地窥视着熊一口一口地享用完马肉，漫长的夜晚也快要过去了。

熊吃饱肚子，回到洞穴睡觉了。

夹着尾巴的狼蹑手蹑脚地来到马尸旁。

于是，狼吃饱了，狐狸来了。

狐狸吃饱了，雕鸮飞来了。

雕鸮吃饱了，乌鸦们又聚拢来了。

天空已经泛起白光，太阳就要从地平线升起来了。这一顿免费而丰盛的宴席，除了一些残碎的骨头渣剩到了最后外，再也找不到任何能吃的东西。

植物的嫩芽在哪儿过冬

冬季，花草树木进入了休眠状态，停止生长和发育。但是，它们都做好了生根、发芽的准备，以迎接春天的到来。

只是，植物的嫩芽在哪儿度过这寒冷的冬天呢？

大树的嫩芽，在高高的树枝上过冬。小草的嫩芽各有各的方法过冬，比如林繁缕，它的芽是在自己秋天时候枯萎的茎脉里过的。别看林繁缕的叶子在秋季就变枯变黄了，可它躲藏在叶脉里的小小嫩芽，颜色仍然绿绿的，充满生机。

各种草儿的芽都有它自己的过冬方法。像是卷耳、触须菊、石蚕草，还有其他矮小的草儿，都是在地面上过冬的。它们离地不高，把自己的芽藏在积雪下，安然无恙、满身翠绿地等待春天的到来。

其他小草儿的芽又有别的过冬的方式。

放眼望去，原先长着草藤、艾篙、金梅草、牵牛花和立金花的地方，如今只剩下一些枯枝烂叶，只有在紧挨着地面的地方才能找到它们的芽。与此同时，草莓、苜蓿、酸模、菁草、蒲公英这些植物的芽也在地面上过冬。

还有一些草儿，把芽藏在地下过冬，而另一些草种则把芽附在茎上过冬，例如鹅掌草、铃兰、舞鹤草、柳穿鱼、狭叶柳叶菜、款冬，它们的芽依托在块状茎上；野大蒜、野葱等植物的芽，附在鳞茎上过冬；紫堇的芽则在小块茎里过冬。

陆地上植物的芽，冬天就藏在这些地方。而那些水生植物的芽，有的埋在池底，有的会沉到湖底的淤泥里。

狗熊找到了好地方

深秋，狗熊给自己选了一处冬眠的好去处。那是一座小山坡，长满了密密的小云杉。它选了一处山坑作为自己的窝，还扒了许多树皮和苔藓铺在窝里，并啃倒了周围的小云杉在坑上搭了个棚子。做完这一切，它钻进舒适的新窝，香香甜甜地睡了。

可是，还不到一个月，它的洞就被猎狗找到了。它千辛万苦才逃脱猎人的追踪，累得径直睡在了雪地上，没想到这会儿工夫就被猎人追上了，又是一番亡命狂奔。

第三次它好好地藏了起来，藏在了一个谁也猜不到的地方。

来年春天这个谜底才揭晓，原来它竟然在树上睡了一个冬天！这棵树上有一个坑，是以前树被吹折以后倒长出来的。夏天的时候，这里曾是一只大雕的巢，铺满了干枝和枯草，而大雕在孵出雏鸟以后就飞走了。冬天的时候，这只可怜的狗熊接二连三地被猎犬找到以后，竟躲到这个空中的鸟窝里去了。

野鼠搬出了树林

皑皑白雪覆盖着大地和树林，粮仓里的粮食已经没有了。

大批野鼠，因为饥饿，没有东西吃，搬出了树林。还有许多野鼠，由于白鼬、伶鼬、鸡貂和其他食肉动物的捕食，也从自己的洞穴逃离。尽管伶鼬跟着野鼠，但数量毕竟太少，不可能把所有的野鼠消灭殆尽。

人们应时刻保持警醒，确保粮食安全，做好应对啮齿动物打劫谷仓的准备。

不用服从法则的林中居民

冬天，森林中所有的动物都因寒冷的天气而受罪，于是，有这么一条法则：冬天的时候，饥寒交迫，不适宜孵雏鸟；到了夏天天气暖和、食物丰富的时候，才适宜孵雏鸟。

当然啦，有一种情况可以不遵循冬天的林中法则，那就是找到充足的食物。

不久之前，我们的通讯员在森林中找到一个鸟窝，它架在一棵云杉上，高高的枝桠堆满了雪，而鸟窝里竟有几枚温热的蛋。

于是第二天，我们的通讯员又出发到那棵云杉树那儿。天气可真冷啊，通讯员们每个人都顶着一个红鼻头。但当他们看向鸟窝时却惊奇地发现，那几枚鸟蛋已经孵出了雏鸟！它们闭着小眼睛，单薄的小身子蜷在窝里，躺在雪里。

多么奇怪的事啊！

但这并非不可能发生的事。在森林中，有一种叫作交嘴鸟的飞禽，它们既不怕冷，也不愁找不到食物。我们的通讯员发现的鸟巢就是交嘴鸟做的巢，它们选择在冬天孵出自己的雏鸟。

在森林中常常可以看到这种小鸟飞来飞去，成群结队，热情亲昵地互打招呼。一会儿从这儿飞到那儿，一会儿又从那儿飞到别的林子里去了，一刻也不停歇，四处流浪。

春天，是约定俗成的繁殖季，几乎所有的小鸟儿都在这个时间开始选择配偶，共筑爱巢，然后孵出下一代雏鸟。除了交嘴鸟。交嘴鸟依旧像往常一样欢快地飞来飞去，呼朋唤友。

在这叽叽喳喳的小团体里，似乎总能看到成鸟与幼鸟飞在一起。几乎让人产生交嘴鸟的幼鸟是边飞边出生的错觉。

在列宁格勒，交嘴鸟也被称为"鹦鹉"。之所以这样称呼它们，不仅是因为它们可以像鹦鹉一样在细木杆上灵活地攀爬，还因为它们有像鹦鹉一样色彩艳丽的羽毛。颜色是区分交嘴鸟性别的依据，有着红色羽毛的是雄交嘴鸟，雌鸟和幼鸟的羽毛则大多为黄色和绿色。

交嘴鸟的雄鸟拥有红色的羽毛，深浅不一，而雌鸟和幼鸟则拥有黄色和绿色的羽毛。它们不仅有鲜艳的服饰，还会像鹦鹉一样在细木杆上爬上爬下。所以交嘴鸟在列宁格勒又被称为"鹦鹉"。

交嘴鸟善抓取，也善于叼物。它们喜欢用脚抓住上面的树枝，再用嘴叼住下面的树枝，然后倒挂在树上。

还有一点令人惊奇的是，交嘴鸟的尸体不易腐。一只交嘴鸟死去后其尸体甚至可以保存20年，既不腐坏也不变形。

不过最为有趣的还要属交嘴鸟的嘴了，那可是林中居民的独一份儿。

名师指津

详写交嘴鸟的生活习性，用准确的数字说明，交嘴鸟"尸体不易腐"的这一特点，悬念手法，让读者惊叹，继而产生强烈的探求欲望。

交嘴鸟的嘴呈现上下交叉状：上半部分下弯，下半部分上翘。

交嘴鸟全部的奇迹与疑问，都可以追溯到这张嘴上。

刚出生的交嘴鸟，像其他鸟儿一样喙都是直的。但是当交嘴鸟长大一点以后，它开始以云杉球果和松鼠球果为食。在啄食的过程中，交嘴鸟的嘴巴渐渐弯曲，等到完全长大以后，鸟喙变硬，这种弯曲交叉的样子就固定下来了，这种样子的嘴在啄食球果的时候十分便利。

这下，我们知道了所有问题的答案。

交嘴鸟为什么到处流浪呢？

它们飞来飞去，四处流浪，是为了知道哪里的食物多呀！今年它们发现列宁格勒的球果多，便会到我们列宁格勒来过冬。明年，我们列宁格勒的球果结的不多的时候，它们就抛弃我们到别的球果多的地方过冬去啦。

交嘴鸟为什么在冬天还歌唱、筑巢、孵蛋呢？

冬天，到处都有球果可吃，这难道不值得歌唱、筑巢吗？巢里铺满了柔软的羽毛和兽毛，又暖和又舒服。第一枚蛋产下来以后，雄鸟就包揽了外出觅食的任务，而雌鸟则专职负责孵蛋。

雏鸟还没孵出来的时候，雌鸟常常卧在上面使蛋保温；雏鸟孵出来以后，雌鸟就喂给它在嗉囊里弄得软软的松子。松子一点也不难找到，云杉的球果可是全年供应的。

不管是冬天还是春天，交嘴鸟一找到伴侣就会脱离族群，筑巢繁衍（一年四季，都有人发现过交嘴鸟的巢）。待到雏鸟长大以后，这一家子才会重返鸟群。

交嘴鸟为什么死后尸身不腐呢？

这全是由它们的主食——松果造成的。松果里的松子含

名师指津

与前文悬念呼应，结构完整而严密。融知识性与趣味性于一体。

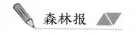

有大量油脂。就像皮靴被柏油给浸透了一样，交嘴鸟从雏鸟到老鸟，吃了一辈子的松子、云杉子，自然也被松脂给浸透了。使它们尸身不腐的，自然也就是松脂。

　　埃及人做木乃伊的时候，不就是往死人身上涂松脂嘛。

冬季第三月　残冬的煎熬

2月21日至3月20日

煎熬，等待春天

　　2月虽然是冬天的最后一个月，但寒冷并未减弱。狂风从雪地上呼啸而过，吹着雪四处飘荡。

　　这个月是非常恐怖的一个月，饥饿和寒冷变本加厉，考验着动物们。毫无疑问，所有的动物都消瘦不少。兽类在秋天养起的肥膘已经消失了，积蓄的能量也已经消耗殆尽。住在洞里的小动物们，即将吃完最后一点秋天时存储的粮食。对狼来说，这个月是公狼母狼结婚交配的时候，是饿狼夜袭村庄和农场的时候——不管是狗还是羊，它们见了就吃，实在是太饿了。

　　积雪曾经是动物们御寒的棉被，如今却成了出其不意的杀手。在积雪的重压之下，脆弱的树枝会突然折断。山鹑、榛鸡、琴鸡等野生鸡类动物，最爱钻到厚厚的积雪之下。无论白天黑夜，它们常常躲在里面，舒舒服服地睡上一觉。

名师指津

极尽严酷的环境，要生存，只有博弈，适者生存是自然法则。

然而，白天的时候，太阳晴好，温度升高，表层的积雪融化；待到晚上，太阳落下，温度降低，融化的积雪结成一层厚厚的冰，罩在雪层上方。如果你被罩在里面，即使把脑袋撞破，也难以穿透冰层。你只能老老实实待着，等着第二天的太阳融化冰层。

暴风雪不断来袭，专供雪橇滑行的道路瞬间便被淹没……

能挺过去吗

如今，森林迎来了四季的最后一个月。这个月被称为恐怖残冬月，是一年当中最为艰难的一个月。

生活在林中的动物们正在为粮食担忧，他们最后一点存粮即将吃完。鸟类和兽类个个瘦得皮包骨头，当初积攒的脂肪早已耗尽。这种吃了上顿没下顿的日子，使它们的体力大不如前。

然而，天公不作美。暴风雪成了常客，气温越来越低。冬天的统治只剩下最后一个月，它要利用这最后的机会让万物尝尽冬天的滋味。不过，动物们心里明白，它们只要再忍耐一下，再坚持一下，再抗争一下，便能迎来温暖的春天。

我们的森林通讯员在林间巡视一番，他们心中充满忧虑：动物们能挺过去吗？

林间有太多的悲惨故事，他们看在眼里，痛在心里。一些动物被饥饿和寒冷夺走了宝贵的生命。至于幸存的，能否坚持一个月，熬过冬天，没人知道答案。不过，对于某些鸟类和兽类来说，这个担心是多余的，它们有着顽强的生命力，不会死于饥寒交迫。

名师指津

悲天悯人的博爱主义，尊重生命关注生命是人类生存与发展的王道。

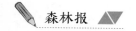

命丧严寒

最为恶劣的天气，是寒冷遇上狂风大作。如果遇上这样的天气，动物们就遭殃了。走在林间，你不时会发现冻死的动物尸体，有鸟类的、兽类的，还有昆虫的。

寒风无孔不入，即使倒伏在枯木身下和树桩里面的雪也都被吹了出来。然而，那些地方本是甲虫、蜘蛛、蜗牛和蚯蚓等许多小动物们的温暖藏身之地。对它们来说，寒风吹走雪，如同吹倒房屋厚厚的墙壁。没有了遮风御寒的墙壁，小动物们当然会被冻死。

鸟儿在空中同暴风雪进行殊死搏斗，结果往往是以卵击石，丢掉小命。在所有鸟类当中，乌鸦算是御寒能力强的了。但暴风雪过后，雪地上出现一只只乌鸦的尸体。

大地恢复宁静之后，树林里的清道夫便忙活起来。猛禽走兽在林间展开全面搜查，争抢暴风雪中牺牲者的尸体。过不了多久，雪地上一干二净。

光滑而坚硬的冰层

残冬的天气有些反常。前一天还是晴日当空，温度回升，积雪融化；今天却阴云密布，寒风扫地，滴水成冰。融化了的积雪层变成了坚硬、光滑的冰层。对于这冰层，脚爪软弱的兽类休想穿透它，连嘴巴尖硬的鸟类也休想啄破它。或许，鹿坚硬的蹄子可以踏破它，不过要付出血的代价：破裂的冰块像刀刃一样锋利，它们会刺进鹿的腿肉里。

草籽和谷粒被冰封，鸟儿该如何吃食呢？

如果你对这层冰壳束手无策，便只能忍饥挨饿。

这样的天气，还会有这样的事情发生。

天气晴好，积雪融化并变得蓬松。黄昏时，劳累一天的<u>灰山鹑</u>落到雪地上。它们想找一个温暖舒适的窝，美美睡上一觉。看到雪地松软，它们就用爪子在上面挖了个洞。洞里散发着热气，又很安全，真是理想的窝。于是，它们迅速钻了进去。

谁知夜里，寒风吹来，温度骤降，积雪融化的表层结了冰。熟睡在雪洞里的灰山鹑并不知道外边是什么情况。

等到天亮后，灰山鹑醒来，感觉洞里温暖依旧，不过有些闷。不行，太闷了，得出去换口气，然后清理一下羽毛，弄些早饭吃。

它们做好起飞的姿势，打算一飞冲天，可刚抬起头，竟撞上了一层坚硬的东西——积雪上的冰壳，跟一层厚玻璃一样。

雪地全覆盖上一层这样的冰壳，成了一个大型的天然溜冰场。

灰山鹑并没有意识到问题的严重性，用头硬向冰壳上撞。一次，两次，三次……撞得鼻青脸肿，仍然没有撞开。

如果能从这间坚硬的牢房中逃出去，即使忍饥挨饿也心甘情愿。

玻璃青蛙

我们的森林通讯员发现一个结了冰的池塘。池塘里的水都结成冰了，冰层很厚。他们费了很大功夫凿开冰层，然后

◆名师释疑◆

灰山鹑：雉科山鹑属的鸟类。分布于欧洲、亚洲，主要栖息于山脚干涸的峡谷、高山、有白杨、赤杨杂树的高地、河边或湖边的树丛、山地田野以及农村附近。

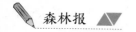

掘开冰下的淤泥。在淤泥底下，竟然藏着一大片青蛙。它们紧紧挤在一起，熟睡着——它们正在冬眠。

通讯员们小心翼翼地拿起一只青蛙，仔细观察了一番。它看起来像是用玻璃做的工艺品，而不是一个活物。它的身体僵硬，很脆，稍微用些力，就有可能掰断它的后腿，而且会发出"咔嚓"的声音。

离开的时候，通讯员们带上了几只青蛙，并把淤泥填好。回到烧着火炉的屋子里，没过多长时间，那几只青蛙便苏醒过来。适应了环境，它们便蹦蹦跳跳，开始舒展筋骨。

这个简单的实验告诉我们：春天到来的时候，温暖的阳光会融化池塘里的冰；冰化成水后，阳光又会照暖池塘里的水。水暖了，淤泥底下的青蛙便慢慢醒来，逐渐恢复往日的活力。

睡神蝙蝠

我们的森林通讯员来到一个大山洞，它位于塔斯那河河岸，距十月铁路线上萨博林诺站很近。早些时候，这山洞里出产砂子。后来，人们可能有了更好的砂厂，不再到这里来了。

如今，这个山洞成了蝙蝠的地盘。兔蝠和山蝠一起住在这里，彼此很友好。通讯员们走进山洞后，发现蝙蝠们都还在睡觉。它们倒挂在洞顶，两只脚像钉在凹凸不平的洞顶一样。兔蝠把两只大耳朵，连同整个身体，都严严实实地裹在翅膀底下。

它们已经睡了五个月了，时间有些长。通讯员们有些担心，便伸手轻轻握住一只蝙蝠，感受一下它的脉搏，测量一下它的体温。

蝙蝠夏天时的体温在 37℃左右——这跟我们人类差不多，脉搏为 200 次 / 分钟——这要比我们人类快不少。经过测量，蝙蝠现在的体温为 5℃，脉搏为 50 次 / 分钟。这些数据表明熟睡中的蝙蝠是健康的，我们不用为它们担心。它们可能还会睡上一两个月，到那时候，温度一升起来，它们就会自己醒来。

名师指津
精准的数字说明，体现了作者严谨的科学精神。

薄　衣

在这冰封大地的寒冬 2 月，我发现了一株款冬、它藏在一个偏僻、安静的犄角旮旯里，而且正开着花。寒冷的天气，也拿它无可奈何。它那细弱的茎上长着细细的茸毛，如蜘蛛丝一般；长着小小的叶片，如鱼鳞片一般。我穿着厚厚的大衣，依旧感觉冷。它身着这样的薄衣，却在严寒中从容生长，开花。

你可能会说我是骗人的，因为外边冰天雪地，怎么可能有款冬呢？即使有，也会是枯死的款冬，冻僵的款冬。

我没有骗你。我已经强调过："它藏在一个偏僻、安静的犄角旮旯。"实话跟你说吧，所谓的犄角旮旯，是一座坐北朝南楼房的墙角处。而且在那个地方，恰恰有暖气管道通过。那里没有积雪，落下的雪花早已融化；那里土壤发黑，像春天一样温暖。

但有一点，空气确实是寒冷的！

特约通讯员　尼·巴甫洛娃

◈**名师释疑**◈
犄角旮旯（jī jiǎo gā lá）：汉语成语，是"狭窄偏僻的地方"和"角落"的意思。

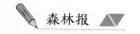
短暂的温暖

天气稍微暖和一些,温度稍微上升一些,蚯蚓、海蛆、蜘蛛、瓢虫、叶峰幼虫等小动物便耐不住寂寞, 从积雪底下爬出来。

它们爬到那些没有积雪的温暖角落里——这里的雪已经被大风吹走, 成群结队, 感受着大地和阳光的温暖。

虫子们放开脚步, 活动着蜷缩了一冬天的筋骨; 蜘蛛则寻觅着食物, 填补一下饿了一冬天的肚子。没长翅膀的蚊虫在雪地上边走边跳, 长脚舞蚊空中翩翩起舞。

但这种景象不会持续太长时间。当寒冷卷土重来, 它们便各奔东西, 急忙寻找遮风抗寒的地方——腐败的落叶底下, 枯草底下, 苔藓里, 土里。

海豹的脑袋

名师指津

层次铺垫, 戏剧性十足。

涅瓦河入海口——芬兰湾的冰层很厚, 为了捕鱼, 渔人们在冰层上打了许多冰窟窿。一天, 有位渔人同往常一样来这里打鱼。当他路过其中一个冰窟窿时, 突然有个脑袋从水里伸出来。那个脑袋看上去很光滑, 闪闪发光, 还长着稀疏的几根胡须。

渔人开始以为那是一具尸体, 吓了一大跳。但当他仔细观察之后, 就发现那是一只动物。它嘴上长着胡须, 脸上遍布着光闪闪的短毛, 眼睛炯炯有神。下一个瞬间, 它的目光和渔人的目光撞在一起。

于是, 那个脑袋"唰"的一声消失在水面下。

渔人缓过神来，才想起它是海豹。

这只海豹正在水下抓鱼，把脑袋探出水面是为了换口气。

芬兰湾是打海豹的好地方，它们在冰底下待闷了，便会从冰窟窿爬出来，在冰面上散散步。

这不算什么新鲜事。有时候，你甚至可以在涅瓦河里看到海豹。它们追捕鱼儿，会从芬兰湾一直追到涅瓦河。另外，拉多亚湖也有很多海豹，很多人都会去那里打猎。

脱去犄角

雄麋鹿和雄鹿都扔掉了沉重的犄角。雄麋鹿是主动扔掉这对重东西的，它跑到树林深处，找到一棵大树，磨蹭了半天，才把它们蹭掉。

没有了犄角的雄麋鹿撞见两只饿狼。饿狼看它没了犄角，以为胜券在握，摆开阵势发起进攻。

然而结果却出人意料。没几下，雄麋鹿便胜出。它那坚硬的前蹄先是踢爆一只饿狼的脑袋，后又踹开另一只飞扑而来的狼。那只被踹开的饿狼受了重伤，仓皇地逃离。

这几日，雄麋鹿和公鹿的新犄角都长了出来，不过还没有长结实，只是嫩肉外边裹着一层长满茸毛的皮。

◀名师释疑◀

胜券（quàn）在握：指获胜的把握非常大。

在冰水中游泳的小家伙

在波罗的海铁路沿线的加特钦车站附近，我们的森林通讯员发现了一只奇特的小鸟。它的肚皮是黑的，当时正站在河上的一个冰窟窿旁边。

那是个异常寒冷的早上，简直能把人的鼻子冻掉。天上虽然挂着耀眼的太阳，但并没有带来多少温暖。我们的森林通讯员冻得发抖，用雪摩擦了好几次鼻子。就在这寒冷难耐的时候，他听到了鸟叫声。通讯员顺着声音传来的方向，看到了那只黑肚皮的小家伙。

为了看清小家伙的样貌，通讯员小心翼翼地靠近。可当他快到跟前时，小家伙"噌"的一声跳起来，然后一头扎进冰窟窿里。

我们的通讯员吓傻了，随即开始担心小家伙："飞进水里了！这下可坏了，一定被淹死了！"他一边想着，一边跑到冰窟窿旁，试图救出小家伙。当他走进一看，小家伙竟然挥动着翅膀在水中游泳，姿势还很标准。它在水中穿梭，黑色的脖颈一起一伏，如同一条小鱼。

突然，它向水底游去。到了水底，它踩着砂子跑来跑去。到了一处，它停下来，用嘴巴翻开一块小石头，再啄起石头下酣睡的黑色甲虫。不一会儿，它就从邻近的那个冰窟窿冲出水面，落到冰面上。抖落身上的水滴，整理了一下羽毛，它便悠闲地哼起小曲儿。

我们的通讯员很是不解，猜测这河水底下或许有温泉，河水因而温热。同时，他透过冰窟窿把手伸进河水中，但手指尖刚触及水面，他就猛地收回。河水冰凉刺骨，并非温热的。

这时，他才意识到，眼前的小家伙名叫河乌，是一种水雀。河乌和交嘴鸟是为数不多的不遵循自然规律的鸟类。河乌的羽毛之所以不湿，是因为它的表层覆盖着一层油脂。进入水中后，它羽毛上的油脂与水接触，形成一个个小水泡，在阳光照耀下，金光闪闪。这些小水泡连在一起，如同给它穿上一件保暖内衣，使得它在冰水里不觉得冷。

对我们列宁格勒来说，河乌很少见。只有到冬天的时候，人们才能一睹它的风采。

冰屋里的鱼

讲完了天上飞的、地上跑的，接下来我们来说说水中游的——鱼吧！

河面是厚实的冰盖，河下不受风吹雪打。整个冬天，鱼舒服地待在家中，才不管地面上那些破事呢！不过，2月，也就是冬季末了的时候，在湖泊和池塘里瘪了好长时间的鱼，有些吸氧不足，争相游到贴近冰层的水面，抢食冰上的气泡。

生活在水中的鱼也有可能被水憋死。如果真的出现这种情况，春暖花开、冰消河开的时候，你休想钓到一条鱼。

所以，不能光关心飞禽走兽，而忽略了水中的鱼。我们最好走到湖泊和池塘的冰面上，隔一段凿上一个冰窟窿，并且当心这些冰窟窿再次结冰。只有这样，鱼才能呼吸到新鲜的空气，不至于被憋死在冰下。

> **名师指津**
>
> 大爱无疆，举手之内，成全生命。

城市简讯

街头斗殴

与乡下相比，城里的春天要来得早一些。这个时候，走在大街上，明显可以感觉到春天的脚步近了：时常可以看到动物们的街头搏斗。

习惯了人来人往的麻雀，公然斗殴，毫不顾忌行人的意见。它们用力啄着对方脖子上的羽毛，掉落的羽毛飞得到处都是。母麻雀站在旁边观赏，既不帮助哪一方，也不制止斗殴。即使它上前制止，也制止不住。

每到夜晚，屋顶便成了猫的斗殴场地。有时打得激烈，这只公猫会把那只公猫从屋顶上打下来。幸好，它摔下来的时候是四脚着地，除了脚受点轻伤，走路一瘸一拐外，身体并无大碍。

建房修宅

这个时候，是城里建房修宅的高峰期。那些父母辈儿的乌鸦、寒鸦、麻雀和鸽子在忙着打点去年住过的旧宅。那些夏天刚出生的年轻一代在忙着建设自己独立的新房，它们用长短粗细不一的树枝当新房的框架，用稻草和马鬃当新房的墙壁，用绒毛和羽毛当新房的床铺。

鸟餐厅

我很喜欢鸟，我的朋友如拉也很喜欢鸟。看到山雀和啄木鸟常常找不到吃的，我们俩心生怜悯，打算给它们制作一个食物槽。

我的房子周围种着很多树，许多鸟儿都会到这些树上觅食。

我们制作的食物槽很简单，是用三块木板搭建而成的。选好地方，我们放好食物槽，然后每天早上都往里放一些谷粒。刚开始，鸟儿有些害怕，不敢过去吃食。几经试探，它们发现那里并不危险，便放心地飞过去就餐。我觉得，我们所做的事一定是有益于鸟儿的。

我们希望，越来越多的孩子像我们一样，做有益于鸟儿的事。

森林通讯员　瓦西里·亚历山大

特殊的标志

走到拐弯处的一座建筑，你会看到墙上贴着一个奇怪的标志：外边是一个圆圈，里面是一个黑色的三角形，在三角形里面还有两只白色的鸽子。

这个标志告诉我们，拐弯处要避让鸽子。

在拐弯处的马路上，活跃着一大群鸽子。它们颜色各异：青灰色、白色、黑色、咖啡色。大人们常常带着孩子到这里喂鸽子，他们站在马路边，把谷粒和面包渣扔给鸽群。开到这里，司机师傅们都会放慢速度，避让鸽子，小心驾驶。

这个"避让鸽子"的标志能够挂在莫斯科的马路上，与一位名叫托良·科尔吉娜的女学生有直接关系。正是在她的提议下，这个标志才被贴出来。如今，这个标志已经出现在列宁格勒和其他交通繁忙的大城市里，而且有这个标志的地方，就有市民们喂养并观赏这些有着"和平使者"之称的鸽子。

人们将以保护鸟类为荣！

返乡之路

最近，《森林报》编辑部收到了不少地方的来信，有埃及、伊朗、印度、法国、英国、德国，以及地中海沿岸的一些国家。

名师指津

热情呼唤，深情歌唱：敬畏生命，人性应有的魅力。

这些来信告诉我们，我们的候鸟已经踏上返乡之路。这真是好消息，可喜可贺。

它们从遥远的地方启程，向着我们这里不慌不忙地飞来。太阳每解放一块被冰雪占领的土地和水域，它们便上前接管过来。它们有自己的计划，一步步前进，等到我们这里的冰雪融化、江河开流，它们正好飞回。

名师指津
通过细致的描述，写出候鸟迁徙的场景。

美丽的白桦树

昨晚下了一场很特别的雪，雪花热乎乎、湿乎乎的，落在哪里便粘在哪里。院子里我最喜爱的那棵白桦树，硬被雪花粘满全身，真的成了"白"桦树。然而到了早上，天气又骤然变冷。

太阳升起后，阳光普照大地。这个时候，我的白桦树异常美丽，像是一棵仙境中的树。你看它挺拔地站在那里，如同一件精致的白瓷，浑身上下涂满了白釉。在阳光的照射下，更是光彩夺目。原来，昨夜粘在树上的湿乎乎的雪花经过早上的降温，结成了一层薄冰。

几只长尾山雀飞了过来，它们落在白桦树上，打量着这棵奇怪的树，想从上面找些吃的东西。它们的羽毛厚实而蓬松，看上去如同插着几根长针的白色毛线团。

它们想站稳，可小爪子总是打滑，抓不紧树皮；它们想看看树皮底下有没有吃的，可嘴巴怎么也啄不破那层薄冰。

忙活了半天，一无所获，它们嘴里不停地抱怨，随即飞走了。

名师指津
运用比喻，将水珠比为宝石闪着光芒，体现冬天冰雪消融的晶莹。

临近中午，阳光暖和起来，慢慢融化了那层薄冰。一股股冰水和雪水从白桦树的枝干上缓缓流下。渐渐地，树枝上开始往下滴水。在阳光的照射下，水珠闪着五颜六色的光芒。

刚才败兴而归的山雀又飞了回来。它们欢呼着，落到湿润的树枝上。小爪子可以牢牢抓住树枝了，嘴巴也可以在树皮间觅食吃了。好饭不怕晚，它们总算吃上了美味早点。

森林通讯员　维里卡

报春的歌声

这一天，天气依然寒冷，不过阳光很好。城市的公园里传来了春天的歌声，而且是最早的春天的歌声。

仔细一听，原来是荏雀的叫声。它的叫声很简单："晴——几——回儿！"

曲子虽然简单，但并不影响其中的欢快意味。它们是报春的使者，用歌声告诉人们："脱下棉袄吧！脱下棉袄吧！春天就要到了！"

接力赛跑

1947 年，首届全苏联优秀少年园艺家选拔赛举办。从 1947 年的春天开始一直持续到 1948 年的春天，漫长的赛程对 500 万名少年园艺家来说，可是不小的挑战。这场选拔赛像是一场考验耐力的接力赛，他们需要接过 1947 年的春姑娘手中的绿色接力棒，然后把它安全送到 1948 年的春姑娘手中。然而，他们出色地完成了任务。他们在保护前人所种树木的同时，细心呵护新生的每一棵树苗，每年如此。

少年园艺家选拔赛结束后，少年园艺家大会接着就会召开。

去年，数百万的少先队员和小学生参加了少年园艺家选拔赛，在树林、公园和路旁种植果树和浆果灌木达数百万棵，绿化面积达数百公顷。今年，组织方预计参赛人数会增加。

与去年相比，今年的赛事要求也有所增加：每所学校都要开垦一片园地，为下一步种植果木做准备；园艺家们要在道路两旁种植树木，使之成为绿色通道；园艺家们要在山坡上种植乔木和灌木，以防止水土流失。这么多的要求，对他们来说，确实是难度上升。不过，要想做好这一切，从前辈们那里吸取经验是当务之急。

◑名师释疑◑

当务之急：当前急切应办的要事。当，当前；务，应该做的事。

狩　猎

巧设圈套

总的来说，猎人们通过巧设圈套捕到的猎物要比用枪打到的多。即使是一个经验丰富的老猎手，设置一个好的圈套也不是一件易事。设置圈套不仅要构思巧妙，会设陷阱，会制作捕猎器具，还要摸透猎物的脾气，懂得猎物的习性，把陷阱设在合适的位置，把捕猎器具放在合适的地方。如果一个猎人不动脑子，那么即使挖了陷阱，放了捕猎器具，最后也只是白费功夫。

要买到铁制的捕猎器具很容易，但要用好它就要费些脑子了。

第一步，你要清楚它应该放在什么地方。一般来说，捕猎器具应该放在猎物的洞口边、常走的小路上，以及脚印交汇的地方。

第二步，你得明白要做哪些准备工作，如何放置捕猎器具。就拿黑貂、猞猁狲这类十分机警的猎物来说，你要先用放有松枝、柏叶的沸水煮一下捕猎器具，然后才可以进入下一环节——放置捕猎器具。放置的过程，你不能用手碰到它，而要戴着手套。先用木铲铲开一层积雪，然后把它放进去，再把铲出的雪盖上，最后用木铲把雪抚平。每一个环节都要小心翼翼，如果器具没有煮过，或者没有戴手套，或者用铁铲，嗅觉灵敏的猎物就会隔着一层雪嗅出人的气味。

如果猎物是身体强壮的野兽，你最好把捕猎器具拴在一个牢靠的地方，比如大树根部，以防猎物拖着捕猎器具<u>逃之夭夭</u>。

有时候可能需要在捕猎器具里放些诱饵，这个时候，你必须清楚猎物最爱的食物是什么，是老鼠、肉块，还是鱼干？

生擒小型兽类

对于白鼬、伶鼬、鸡貂、水貂等小型兽类，猎人们掌握着许多生擒它们的妙法——利用各种各样的捕猎笼。与捕猎器具相比，捕猎笼要简单得多，一般猎人都会制作。它的原理也很简单，就是欢迎光临，休想出去。

捕猎笼制作起来很容易：找来一个木箱或者木桶什么的封闭器具，从一端打开一个小口，在口上装一扇金属铁丝编成的小门，小门倾斜地由小口伸进箱内或桶内。

放置好捕猎笼，再把诱饵放进去，等着猎物自己送上门即可。猎物顺着诱饵发出的香味，一路摸到捕猎笼的入口。它用头一顶，小门便开了。当它爬进去，小门又自动关上。当它吃完诱饵，想要出来的时候，却始终顶不开小门，只得等着猎人来抓。

或者在木箱里放一块跷跷板（在木箱的中部装上一根横轴），板里面的一头放上诱饵，板外边的一头通着装有活闩的入口（入口较窄）。猎物闻到诱饵的香味，便寻着跷跷板

◀名师释疑◀

逃之夭夭：原形容桃花茂盛艳丽，因"桃""逃"同音，故以"逃之夭夭"作诙谐语，形容逃跑得无影无踪。由《国风·周南·桃夭》中"桃之夭夭"引申而来。

的一头爬进去。当它爬过横轴，跷跷板就会向另一端倾斜，与此同时，翘起的一端正好顶到活闩，堵住入口——唯一的出口。

更为简单的是，直接找一个高些或者大些的琵琶桶，打开顶端。在桶的中间部位，钻两个前后对称的小孔。用一根长铁丝穿过两个小孔，形成一个横轴。在地上挖一个坑，深度为琵琶桶高的一半。横轴两端的铁丝分别拴在两根固定在地上的木棍上。这些完成以后，把琵琶桶放平，有开口的那半截放在地面上，剩下的半截架空在坑面上。诱饵放在靠近桶底的部分。

猎物闻到美味，便会从放在地面的那半截琵琶桶爬进去。当它爬过横轴，接近诱饵时，桶就会失去平衡，桶底朝下转进坑里。猎物发现上了当，为时已晚，只好静等被抓。

在冬天，还有一种特殊的捕猎装置——捕猎冰桶。乌拉尔的猎人们最早使用这种方法，具体做法如下：

在滴水成冰的户外，放上一大桶水。相对于中间的水来说，桶面、桶底和桶壁上的水结冰要快。当外层的冰结了二尺厚的时候，在桶面冰层上凿开一个与白鼬身体差不多大的小洞。然后，由这个小洞把尚未结冰的水全部倒出。这些完成后，把桶搬到暖和的屋内。相对于内层的冰来说，桶面、桶底和桶壁上的冰要化得快。等候片刻，将冰块从铁桶里倒出，得到一个冰桶。这个冰桶比铁桶还要严实，顶上的小洞是唯一的进出口。所谓的捕猎冰桶笼便做成了。

捕猎时，先通过顶洞往冰桶里放上些许干草和谷类秸秆，再塞进去一只老鼠。找到白鼬或伶鼬经常出没的地方，把冰桶埋到积雪里，留有小洞的桶顶与雪面平齐。猎物嗅到老鼠的气味，一路寻来，找到进口，以为进了老鼠洞。殊不知，

名师指津

人们采用设机关诱捕的方式，让猎物主动钻入圈套中。

这是人造的老鼠洞，易进难出。任你怎么跳，怎么爬，怎么咬，怎么撞，就是出不来。

猎人发现猎物入桶，只需打破冰桶，便能抓住猎物。冰桶分文不值，打破了再做便是。

捕狼陷阱

猎人们捕狼要用专设的捕狼陷阱。

设置陷阱第一步，根据狼的脚印找到它过往的交通要道。第二步，在交通要道上挖一个椭圆形的深坑，且要保证坑的沿壁直上直下，坑的大小与狼的体型相当（既要能装进去，又要让它跳不出来）。第三步，先在坑上铺一层细软的树木枝条，再往上撒些枯草、苔藓，最后盖上一层雪。到这里，捕狼陷阱便做成了。从外边看，你根本不知道这里有个深坑。

夜色降临，狼群像往常一样走过来，走着走着，只听"扑通"一声，领头的那只狼不见了踪影（掉进了捕狼陷阱）。

天亮以后，猎人们巡视陷阱，将这只"乖乖就擒"的狼收入囊中。

捕狼笼

有时候，猎人们会用捕狼笼捕狼。捕狼笼由两圈立在地面的木桩组成，木桩一根根紧密相连，围成一个个圆笼。两圈木桩之间留有过道，宽度略能容下一只狼通过，让狼进得去但出不来。外边的那圈，装有一扇向里开的小门。里圈封闭，放入诱饵，比如小猪、山羊，或者绵羊。

在美味的诱惑下，饥饿的狼群排队由小门进入，沿着过道向里行进。打头的狼绕过一圈后，来到向里开的那扇门。为了继续前行，它把挡路的门挤开。这个时候，那扇门便关

上了，而在夹道转圈的狼全都被困住了。

困住的狼不停地绕着圈子，美味近在咫尺却总也够不到。当猎人出现，它们才发现自己上了当。就这样，没有付出什么代价，猎人便活捉几只狼。

地面捕狼机关

冬天的时候，天寒地冻。想在硬得像石头一样的地上挖一个大坑，可不是一件容易的事。考虑到这个，猎人们一般不用捕狼陷阱，而选择设立地面捕狼机关：在野外找一块空地，四个角各立根柱子，用一根根木桩连接四根柱子，圈起空地。然后，在空地正中间钉上一根高于栅栏的柱子，柱子顶端放上一块肉做诱饵。最后，在栅栏上靠一块木板，木板的一端架空，伸向诱饵，另一端着地。

嗅到美味后，自以为聪明的狼沿着木板向那块肉靠近。当过了栅栏，由于杠杆原理，狼在的那端木板下沉，难以保持平衡的狼落进栅栏里，静等着猎人的生擒。

熊窝又有情况

时间来到 2 月下旬，从高处吹来的积雪落在地上厚厚一层。一天，萨索伊奇踩着滑雪板，沿着一块长满苔藓的草地滑行，跑在前面的是他心爱的北极犬。

草地上长着一片片树林。他的北极犬钻进一片树林，不见了踪影。没过多长时间，树林里传来它的叫声。它叫得很凶，像是碰到了什么东西。熟悉爱犬的萨索伊奇仔细听了听它的叫声，知道它碰上了一只熊。

带着来福枪的萨索伊奇并没有害怕，而是高兴地向爱犬那边赶去。

爱犬站在一堆被积雪覆盖的枯木旁边，汪汪直叫。找到有利地势后，萨索伊奇脱掉滑雪板，站稳脚跟，瞄准枯木堆。

没过多长时间，一个额角宽大的黑脑袋从枯木堆里伸出来，那两只发着绿光的小眼睛瞅了萨索伊奇一眼。有猎熊经验的猎人都知道，那是熊在向人打招呼。

萨索伊奇很清楚，熊露出脑袋是为了观察外边的情况，很快它就会收回脑袋，从洞里<u>蓄势</u>猛地冲出来，然后逃走。所以，要想抓它，就得现在开枪，机不可失、失不再来。

◆名师释疑◆

蓄势：即积蓄、准备上攻的力量。

萨索伊奇没有犹豫，开枪向熊的脑袋打去。或许是开枪时没有准备好，这一枪并没有打中熊的要害。熊一下蹿了出来，扑向萨索伊奇。

说时迟、那时快，萨索伊奇紧接着又是一枪。这一枪一下打中熊的要害，熊直接摔倒在地。

接着，爱犬跑上前去，撕咬熊的尸体。

看到熊倒下，萨索伊奇回过神来。那一刻真是太危险了，如果熊扑了过来，后果不堪设想。回想一下，还是挺后怕的。不过，他刚才并没有感到害怕，现在却吓得两腿发软，两眼发晕，脑袋迷迷糊糊。为了使自己清醒过来，他深深吸了一口冰凉的空气。无论是谁，碰到这个庞然大物，化险为夷之后，都会和萨索伊奇有同样的感觉。即使是勇猛无比、有过猎熊经验的老手，也不例外。

萨索伊奇以为事情已经结束，准备打道回府。可就在这时，爱犬猛然从熊的尸体旁跳开，跑回枯木堆前，又汪汪叫了起来。只不过，它这次站在了枯木堆的另一端。

感到奇怪的萨索伊奇往那边一看，一下子愣住了：又有一个黑脑袋从枯木堆里探出来。

萨索伊奇定下神来，集中精力，瞄准目标，"砰"的就是一枪。

这次一枪命中，熊应声倒下。

出人意料的是，就在熊倒下的那一刻，枯木堆中探出了第三个熊脑袋，不过它的颜色是棕红色的。紧接着，又探出了第四个熊脑袋。

萨索伊奇从来没有见过这阵势，有些乱了阵脚。慌乱之下，他端起枪就是两枪，然后把空枪扔在一旁。第一枪正好打中，那只棕红色的熊脑袋倒了下去。第二枪也打中了，但打在了爱犬身上。在他开枪的时候，爱犬正好跑到枪口前，替熊挡了子弹。

惊魂未定的萨索伊奇想离开这里，可两腿发软，不听使唤，没走几步，便被第一只熊的尸体绊倒在地，晕了过去。

不知过了多长时间，他渐渐恢复了意识。他感觉鼻子很疼，像是被什么东西拽着。他想伸手摸一摸鼻子，看看怎么回事，却摸到一个毛乎乎、热乎乎的活物。他吃力地睁开眼，迎面撞见一双发着绿光的熊眼。

这可吓了萨索伊奇一大跳。惊叫之下，他把鼻子从熊嘴里挣脱出来。然后急急忙忙爬起来，拔腿就跑。但没跑几步，他便陷进雪里。跌跌撞撞回到家，他才想起来，咬他鼻子的是一只小熊。

待坐了大半天，萨索伊奇才缓过神来。他仔细回想着刚才发生的一切，想梳理出一条清晰的脉络。事情原来是这样的：

最开始露面的，是母熊；接着出场的，是它3岁大的熊儿子；最后爬出来的，是两个1岁大的熊宝宝。母熊和两个熊宝宝住在一个熊窝，熊小伙儿自己住在一个熊窝，两个熊窝挨得很近，都在那堆枯木底下。

那只3岁大的熊小伙儿，夏天时，与熊妈妈一起照顾小弟弟和小妹妹；冬天时，睡在它们身旁，守护着它们。由于体型较大，萨索伊奇竟然把它当成大熊了。那两只 1 岁大的熊宝宝看上去很小，体型跟 12 岁的孩子差不多。不过，它们的脑袋很大，额头很宽。也正是因为这一点，萨索伊奇把它们误认为大熊。没有被枪子打中的熊宝宝，找到妈妈，想上前吃几口奶。它在母亲身上摸索了半天，找到了萨索伊奇冒着热气的鼻子，便把它当成妈妈的奶头，大口大口地吸吮起来。

萨索伊奇就地埋葬了爱犬后，带着熊宝宝回了家。有可爱的熊宝宝陪伴，痛失爱犬的萨索伊奇并未感到孤独。渐渐地，熊宝宝对他也产生了信任和依赖。

本报特约通讯员

名师指津

通过细致的场景描写，突出人与自然应和谐相处的主题。

最后一分钟接到的急电

秃鼻乌鸦已经飞了回来，这预示着冬天就要结束，春天就要到来。现在，我们可以重新打开《森林报》里的春天。

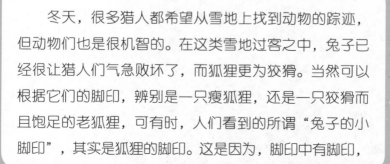

名师赏析

冬天，很多猎人都希望从雪地上找到动物的踪迹，但动物们也是很机智的。在这类雪地过客之中，兔子已经很让猎人们气急败坏了，而狐狸更为狡猾。当然可以根据它们的脚印，辨别是一只瘦狐狸，还是一只狡猾而且饱足的老狐狸，可有时，人们看到的所谓"兔子的小脚印"，其实是狐狸的脚印。这是因为，脚印中有脚印，狐狸们为了隐藏自己的脚印，它们往往套着兔子的脚印走。多少猎人因此而错过了捕猎的时间与机会！《森林报》中的知识就是这样丰富，它成了知识的海洋，告诉孩子们如何观察大自然，如何思考和研究大自然。

学习借鉴

好词

晶莹剔透　白雪皑皑　彼此呼应　撕心裂肺
蹑手蹑脚

好句

＊任何事都是正反两面相对的，有利亦有弊。

＊大地上，五彩缤纷的野花早已消失得无影无踪，翠绿茂盛的野草也已枯黄倒伏。

思考与练习

野兔逃避追捕的方式是什么？